雑草害

～誰も気づいていない身近な環境問題～

小笠原 勝

幻冬舎ルネッサンス新書
234

JN003765

はじめに

私たちの身の周りにはさまざまな植物が生育しています。イネやダイズが水田や畑で人の明確な意図によって育てられており、これらの植物は作物と呼ばれています。一方、水田にはイヌビエが、芝生にはスズメノカタビラが、そしてアスファルト道路の隙間にはオオアレチノギクが生育しており、これらの植物は人の意図に反してあるいは人の意図とは無関係に生える植物で雑草と呼ばれています。

それでは雑草は人の為になる良い植物なのでしょうか、それとも望ましくない排除すべき植物なのでしょうか。答えはある時は人の生活に必要不可欠な植物であり、ある時は人の生活にさまざまな害を及ぼす植物といえます。この違いはなぜ生まれてくるのでしょうか。それは雑草が本来的に持っている性質によるものではなく、人の価値観や生活スタイルが時代とともに変わったからです。例えば、クズはかつて薬用や食用として大いに利用されていましたが、今はあちこちで防除の対象になっています。クズの性質が変わったのではなく、管理する人がいなくなったためです。

本書は雑草と人の暮らしとの関わり合い、特に雑草が引き起こすさまざまな問題に焦点を絞った読み物です。とはいえ雑草はとても面白い植物ですし、いきなり雑草害の話に入るのもなんですので、本題に入る前に、雑草の由来や有用性さらには遺伝子組換え作物や除草剤など、雑草に関連する事柄について述べました。そして、本書の核心というべきさまざまな雑草害を農業、中山間地域、社会資本などをキーワードとして紹介し、最後に将来の少子高齢化を見据えた雑草管理の新たな枠組みについて述べました。

農地も道路も河川も放置すると瞬く間に雑草に覆われてしまいます。人工知能、ナノテクノロジー、遺伝子組換え技術など、今の科学技術レベルはもはや人知の域を超えた感すらありますが、その一方で、これだけ科学が発達した現在においても、身の周りにはよく分かっていない事柄がたくさんあります。その一つが雑草です。足元に目を向ければ、都会であろうと田舎であろうと、何かしらの雑草が生えていることに気づくに違いありません。雑草が人にとって良いか悪いかではなく、社会が雑草によって甚大な損害を被っているにもかかわらず、雑草に気づかずにいることそのものが問題といえるのではないでしょうか。

ごくありふれた植物である雑草と社会との関係を考えることは、物事の真相を深く考えることにもつながります。本書は雑草と社会との関わりを知ってもらうための入門書的な読み物です。植物にあまり詳しくない方にも理解してもらえるように、できるだけ平易な説明に心がけました。読者の皆さんが雑草目線から社会を俯瞰するようになれば、これまでとまったく異なる世界が開けてくるはずです。

雑草害　～誰も気づいていない身近な環境問題～

目次

DTP　落合雅之
編集協力　青龍堂

第一章　雑草に関する基礎知識

雑草は人の役に立たないつまらない植物だと思われがちですが、中には社会のさまざまな場面において大切な役割を果たしているものもあります。このことは、雑草の本当の価値や特性を理解するためには、人との関わり合いを通して雑草を多面的に評価しなければならないことを意味しています。ここでは雑草という言葉そのものがいつ頃から使われ始めたのか、雑草にも定義があるのか、雑草の起源はどんな植物なのか、さらには雑草にはどのような有用性があるのかといった雑草に関する基礎的な事柄について説明します。

1．雑草という言葉の由来について

二〇一八年の夏の全国高等学校野球選手権大会で秋田県代表の金足農業高校が決勝まで駒を進めて雑草魂旋風を巻き起こしたことを記憶している方も多いのではないでしょうか。今でこそ雑草は世間一般に普通に使われてる言葉ですがいつ頃から使われていたのでしょうか。

一六九七年（元禄一〇年）に元福岡藩士の宮崎安貞によって著された「農業全書」

という農業指導書があります。この本の中に、「上の農人ハ草のいまだ目に見得ざるに中うちし芸《くさぎ》り、中の農人ハ見えて後芸《くさぎ》る也。見えて後も芸《くさぎ》らざるを下の農人とす。是土地の咎人《とがにん》なり。」という件がありますが、そこでは、ヒエ、ハコベ、シロザなどの植物はいずれも単に「草」と表記されており、雑草という言葉は見当たりません。

一七一二年（正徳二年）に刊行された「和漢三才図会」という百科事典みたいな書物がありますが、そこにも雑草という言葉は出てきません。ようやく雑草という言葉が出てくるのは一八二八年（文政一一年）に刊行された「本草図譜」という植物図鑑です。しかし、その本では、雑草は作物の収量を低下させる植物や人の役に立たない植物を指すのではなく、効用や性状の判然としない植物を指していました。そして一九一〇年（明治四三年）に現在の北海道大学農学部の前身である札幌農学校の半澤洵博士によって日本初の雑草に関する専門書の「雑草学」が著されることになり、その中に「雑草とは人類の使用する土地に発生し、人類に直接或いは間接に損害を与ふる植物を云ふ～」という記述が出てきます。

以上のことから、雑草という言葉は江戸中期頃までは存在しておらず、江戸末期から明治初頭にかけて、英語のWeedの訳語として生まれたものと考えられます。ちなみにOxford Advanced Learner’s Dictionaryを紐解くと、Weedには、「wild plant growing where it is not wanted」（望まれないところに生える植物）の他にも「thin weak-looking person（ひ弱そうな人間）」や「marijuana（マリファナ）」など、どちらかといえばネガティブな意味が載っています。日本には、古来より草も木も土も生きとし生けるすべてのものが成仏するという意味の「草木国土悉皆成仏」という考え方があり、雑草という言葉も人の役に立たない植物といった概念もありませんでした。しかし、欧米では、雑草は常に悪者です。人は生まれながらに原罪を背負っているとするキリスト教の教理や物事を善悪の二者択一的に分けようとする欧米の思考様式が雑草の解釈にも関係しているのかも知れません。

　このように日本人と欧米人の雑草観は大きく異なりますが、姿形から受ける視覚的な印象は洋の東西を問わずあまり違いはなさそうです。例えば、一年生イネ科植物のSetaria viridisという植物があります。和名はエノコログサで、花序が穂状で犬の尻尾に似ていることに由来します。漢名も狗尾草でイヌの尻尾ですが、英名はfox tail

でイヌではなくキツネの尻尾です。最近、芝犬が海外でもブームになっており、欧米人には芝犬はイヌではなくキツネに見えるみたいで、このことがエノコログサの英名につながったのかも知れません。英名が～tail（尻尾）と名付けられている植物は他にもあります。スギナ（Equisetum arvense）の語源は杉菜《すぎな》あるいは「どこ継いだ」で遊んだ継菜《つぐな》で、英名はhorse tail（馬の尻尾）です。属名のEquisetumはラテン語で馬の毛という意味です。ガマの英名はcat tail（猫の尻尾）です。

次に雑草という言葉そのものについて考えてみましょう。前述したように、雑草はかつて人の役に立たない草というよりも性状や効能のはっきりしない草の総称でした。雑という文字には、雑木は杉や檜に対するその他の樹木、雑貨は食器や寝具に対するその他の生活用品というように、利用目的がはっきりしていないという意味が込められていたのではないでしょうか。植物では、作物と薬草が人にとって有用な植物で、その他の植物が雑草になります。微生物では酵母菌、乳酸菌、納豆菌などが有用な微生物で、その他の微生物は雑菌になります。しかし、昆虫では雑虫という言葉は一般的ではありません。蚕やミツバチが有用な昆虫であることは容易に理解できますが、イネの大敵であるウンカがなぜ、その他の雑虫ではなく、害虫と呼ばれるようになったのでしょうか。これはといった定説はありませんが、江戸時代に頻発した飢饉の多くが冷害やウンカによって引き起こされたことを考え合わせると、ウンカをその他の虫すなわち雑虫と呼ぶのはあまりにも危機意識に欠けるということだったのかも知れません。

　除草の動作を表す言葉もいろいろあります。除草のプロフェッショナルである農家の人たちは「草刈り」、「草取り」、「草毟《むし》り」という言葉を除草の方法や場所などによって使い分けています。「草刈り」は男性の作業でエンジン付きの刈り払い機や鎌で草を刈ること、「草取り」は男女の作業で水田や畑で雑草を手で引き抜くこと、「草毟り」は女性の作業で屋敷周りや墓地などで手で草をむしり取ることを意味しています。かつては「草取り」は人力による手取り除草でしたが、現在は除草剤で草を枯らす「除草」という言葉に置き換えられているようです。「草毟り」の「毟」は手で草を引きちぎる動作を示す国字であることから、「草毟り」は中国にはもともと無かった習慣ではないかと考えられます。同僚の中国人の教員に尋ねたところ、場所にもよるかも知れませんが「草毟り」は中国では一般的ではないとのことでした。また、欧米でも、しゃがんで草を毟る習慣はありません。「草毟り」が日本固有のものなのかどうかは今後の調査に待たなければなりませんが、江戸時代や平安時代はもちろんのこと、縄文人も竪穴式住居の周りで草毟をしていた可能性はあります。昭和の中頃まで、炊飯、洗濯、掃除などの家事全般はすべて手仕事でしたが、今は炊飯ジャー、電気洗濯機、掃除ロボットに取って代わりました。そうすると数千年の昔から変わっていない唯一の家事が「草毟り」ということになります。

2. 雑草の定義

「雑草という植物はない」と昭和天皇がおっしゃったようですが、雑草にもちゃんとした定義があり、その定義は大きく二つに分けられます。一つは人の価値観に基づいた定義で、人の役に立たない植物あるいは人に何らかの損害を与える植物を雑草とみなすというものです。米国雑草学会は雑草を「人類の活動と幸福・繁栄に対してこれに逆らったりこれを妨害したりするすべての植物」と定義しています。幸福・繁栄と

写真1. 栃木県宇都宮市の田川の堤防に生育するセイヨウアブラナ（*Brassica napus* L.）
（小笠原）

はいかにもアメリカらしい強者の尊大さみたいなものを感じさせる言葉です。例えばダイズ畑に前年に作付けしたコムギ種子が土壌に残っていて、それが春に生えてきたとします。どちらも作物ですが、農家にとっての幸福とはたくさんのダイズを収穫することですから、ダイズの収量を競合によって低下させるコムギは排除すべき植物、すなわち雑草になります。また、この逆も然りです。

農業では、作物の収量や品質といった客観的な指標があることから、どんな植物を雑草と見なすかは容易であり、その判断は一般的な社会常識から大きく逸脱することはありません。しかし、雑草と見なすべきか否かの判断に迷う場合があります。その一つが写真１に示した河川堤防におけるアブラナ科の一年生植物のセイヨウアブラナです。

姿形がセイヨウアブラナに似ているセイヨウカラシナという植物もあります。葉の基部が茎を抱き葉柄のないのがセイヨウアブラナで、葉の基部が茎を抱かずに葉柄が明瞭なのがセイヨウカラシナです。どちらも河川堤防ではよく見かけることのできる植物で、川の近くの畑で油料作物や野菜として栽培されていたものが堤防に逃げ出したと考えられています。花が黄色で綺麗なため、今や早春の風物詩として多くの市民に親しまれており、セイヨウアブラナやセイヨウカラシナで町興しを企てている自治体もあるようです。外見からは到底、悪さをする植物には思えませんが、堤防を維持管理する側からすれば、とても厄介な植物です。

図1に示すように、セイヨウアブラナはダイコンの仲間で、その根もダイコンに似ており直根と呼ばれます。したがって、セイヨウアブラナが堤防一面に生育している状態は何万本ものダイコンが堤防に突き刺さっていることと同じことになります。そして直根が腐ると土中に空洞が生じて、土壌が軟らかくなってしまいます。つまりセ

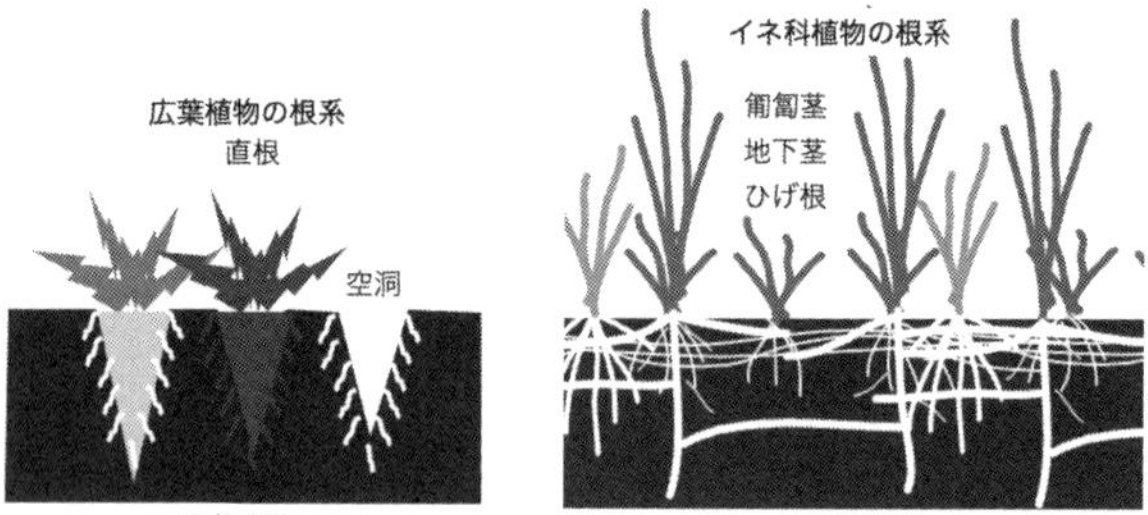

図1. イネ科植物と広葉植物の根系
（小笠原）

イヨウアブラナが河川堤防に繁茂すると堤防の強度が低下して洪水時に決壊しやすくなるということです。セイヨウアブラナやセイヨウカラシナのような広葉植物と対比されるのがシバと呼ばれる多年生のイネ科植物です。シバの根はダイコンと異なり、土壌深くまで縦横に広がる根茎とひげ根からできており、土壌を強く保持します。このため日本の河川では、河川砂防技術基準と呼ばれる政令で堤防法面をシバで被覆することが義務付けられています。セイヨウアブラナやセイヨウカラシナだけでなくセイタカアワダチソウやセイバンモロコシなどの雑草もシバの生育を衰退させることから、河川堤防では防除の対象になります。

河川堤防の他にも、どのような植物を防除の対象とすべきか判断に迷う場合があります。それは私たちが休日に良く利用する公園の芝生です。堤防と同様に、公園にも芝が植えられており、短く斉一に刈り込まれた芝生にスミレやネジバナが生育していたとします。どちらもシバ以外の植物ですから厳密な意味では防除の対象になりますが、スミレを防除しようとする人はあまり居ないと思います。可愛い花を咲かす上にシバの生育を大きく損ねないことから、たいていの場合、許容されることになります。このように不特定多数の市民が利用する河川堤防や公園などでは、利用者によって植物に対する価値観が異なることから、どんな植物を防除の対象つまり雑草にするかが難しくなります。

もう一つの定義は「絶えず外的な干渉や生存地の破壊が加えられていないと、その生活が成立・存続できない一群の植物」といった生物学的な特性に基づいた定義です。生存地の破壊、すなわち土壌攪乱が自然に発生する場所は土砂崩れの頻発する崖や傾斜地であり、非自然的に発生する場所が作物を育てるために絶えず土壌が耕されている農地です。したがって、農地は人によって改変された人工的な空間ですから、雑草

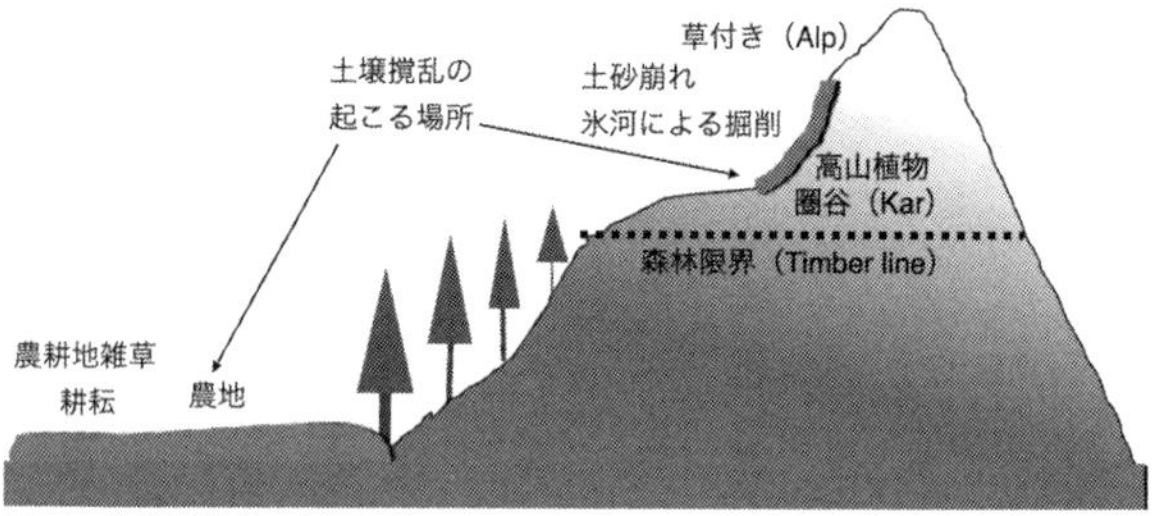

図2. 農耕地雑草の起源
（小笠原）

の自然発生的な起源は野山といえます。

図2に示すように、山の植生は標高が上がるに伴い変化し、樹木が生育できる標高の限界が森林限界と呼ばれ、それを超えると草本植物だけがかろうじて生育できる草付きと呼ばれる植生帯に移行します。そしてさらにその上部は草木の全く育たない岩だらけのガレ場になります。英語のアルプ（Alp）は高山帯の草付きに作られた夏期限定の放牧場のことで、その複数形がアルプス（Alps）です。また、北アルプス奥穂高岳の涸沢カールのように、高山には、圏谷《けんこく》（カール）と呼ばれる氷河でお椀状に削られた跡があります。圏谷では頻繁に土砂崩れが起こり、ここに生育するチングルマやウサギギクなどの高山植物が土壌撹乱に適応した植物、つまり雑草の起源になります。ただし、この

定義はあくまでも土壌が絶えず撹乱されている農耕地に生育する雑草を対象としたもので、耕耘が行われない芝生や河川堤防に生育する雑草には当てはまりません。

これまで述べた二つの定義の他にも、ちょっと変わった定義があります。それは米国の思想家のエマーソン（Ralph Waldo Emerson：一八〇三年〜一八八二年）の言葉で、「雑草とは何か？それはその美点がまだ発見されていない植物」というものです。確かに、いろんな雑草が無造作に生えていると汚く見えますが、オヘビイチゴやオオイヌノフグリなどの小型の雑草が辺り一面に生えている場所は綺麗です。また、後述するように美点とまでは行かないにしろ、雑草にはさまざまな有用性があり、エマーソンの定義はけだし名言といえます。

これまで雑草といえば農業であり、水田や畑だけを対象にしていれば事足りていましたが、近頃は、再三、述べるように道路、河川、公園、ゴルフ場、鉄道など、むしろ公共場面で雑草は大きな問題になっています。雑草が問題になっているいずれの場所も身近な生活圏であることから、雑草を人の役に立たない植物や土壌撹乱に適応した植物と定義するよりも、人の生活圏内に非意図的に生育する植物を雑草とするといった定義の方が良いのかも知れません。

3. 雑草の生態的特徴

前述したように、雑草魂という言葉がありますが、すべての雑草は乾燥、低温、貧栄養土壌などの劣悪な環境に耐えることができるのでしょうか。また、同じ雑草が水田、畑、芝地など、どこでも生育できるのでしょうか。実は、水田に生育する雑草の多くは水田や沼地のような湿地でしか生きて行くことができませんし、芝生に生育する雑草も明るく開けた場所でしか生きて行くことができません。どこにでも生育できるオールラウンドな雑草は一種類もありません。それぞれの雑草はそれぞれ決まった場所にしか生育できません。これを植物の空間的な住み分けと呼んでおり、それには雑草の生き方、つまり生態的な特性が関係しています。

まず、水田や畑に生育する耕地雑草の生態的な特性を考えてみましょう。農地の最大の特徴は耕耘による頻繁な土壌撹乱です。土壌撹乱は植物にとってどのような意味を持っているのでしょうか。ハツカダイコン（二十日大根）を例に挙げて説明します。

ハツカダイコンを字義通りに解釈すれば、播種《はしゅ》から二〇日後に収穫できる作物のことであり、同じ畑に生育する雑草も発芽から二〇日後に刈り取られることになります。ここで、注意して頂きたいのが、ハツカダイコンの播種日と雑草種子の発芽日を同じにしていることです。なぜ同じなのかを説明します。ハツカダイコンの種子を蒔くためには、畑を耕さなければなりません。土壌が撹乱されると、それまで土中で休眠状態にあった雑草種子が適度な酸素、水分、場合によっては光条件下に置かれるようになり、休眠が解除されて発芽します。つまり、土壌が耕耘されることにより雑草種子の発芽スイッチがオンになります。これが農地において土壌の耕耘時期と雑草の発芽時期が同調する理由です。

　話を元に戻しますが、ある植物がハツカダイコン畑の雑草として生き残っていくためには、子孫となる種子を残さなければなりません。そのためには刈り取られる前に結実して種子を地面に落とす必要があります。もし収穫日まで結実していなければ（ハツカダイコン畑では播種の二〇日後まで）、その植物は種子を落とす前にハツカダイコンと一緒に刈り取られてしまい、結果的にハツカダイコン畑に子孫を残すことがで

写真2. スベリヒユ（*Portulaca oleracea* L.）（小笠原）

きなくなります。このことは作物よりも短期間で種子を形成する植物だけが農耕地雑草になり得ることを示しており、この性質が種子の早産性と呼ばれるものです。

写真2に示すスベリヒユ科のスベリヒユは代表的な早産性の畑雑草で、関東地方では、出芽からわずか二ヶ月弱で結実することが知られています。そして土壌表面に落下した雑草種子は耕耘とともに土中に混ぜ込まれ、土壌水分、地温、酸素濃度などによって休眠状態に入り、最終的に埋土種子集団（Seed bank）が形成されます。しかも雑草種子は埋土種子集団から一斉に発芽するのではなく、条件の揃った種子だけしか発芽しません。雑草が次から次に出てくるのは埋土種子集団と種子の休眠性によるもので、これも雑草の大きな特徴です。

また、雑草は種子の発芽特性の他にも、環境によって姿形を変える能力を持っており、これを形

グリーン由来の個体　　果樹園由来の個体

写真3. グリーンおよび果樹園由来のスズメノカタビラ（*Poa annua* L.）（小笠原）

態的可塑性と呼んでいます。例えば、スズメノカタビラという一年生のイネ科雑草があります。五年間、一度も草刈りをしなかった果樹園とほぼ毎日のように刈り込みが行われていたゴルフ場のグリーンから植物体を採取して、その植物から得た種子をポットで育てたのが写真3に示すスズメノカタビラです。表1に示すように、果樹園由来の個体は一〇センチメートルほどの草高になりますが、ゴルフ場のグリーン由来の個体は六センチメートルほどにしかなりません。また、果樹園由来個体の穂軸は斜上しますが、グリーン由来個体の穂軸は水平か下方に向いています。グリーンでは頻繁な刈り込みが行われているだけでなくプレーヤーによる踏み

表1.　グリーンおよび果樹園由来のスズメノカタビラの草高

調査日（出穂後の日数）	草高（cm）	
	グリーン	果樹園
30	7.3	10.7
60	7.1	11.6
90	6.4	11.4

岡崎ら（芝草研究　第40巻2号から）

つけが激しいことから、スズメノカタビラが矮化《わいか》するとともに刈り取りから穂を守るために穂軸を寝かせるようになったのではないかと考えられます。

さらにスズメノカタビラは姿形を変える他にも、実に巧妙な環境適応戦略を持っています。それは花の種類と開花の順番です。一般的には、一つ花に雌蕊《しずい》と雄蕊《ゆうずい》があり、両者が受精することによって種子（繁殖体）が作られますが、写真4に示すように、スズメノカタビラには雌蕊だけの雌性小花《しせいしょうか》と雌蕊と雄蕊の両方を有する両性小花《りょうせいしょうか》の二種類の花（小花）があります。そして、開花の順番も雌性小花と両性小花で異なり、小穂の先端に位置する雌性小花が最初に咲き、それに続いて両性小花が咲きます。しかも両性小花は雌性小花が開花している期間内は閉じています。雌性小花が先に咲くということは、受粉の際に別の小穂の花粉が必要になり、他家受粉の起こる

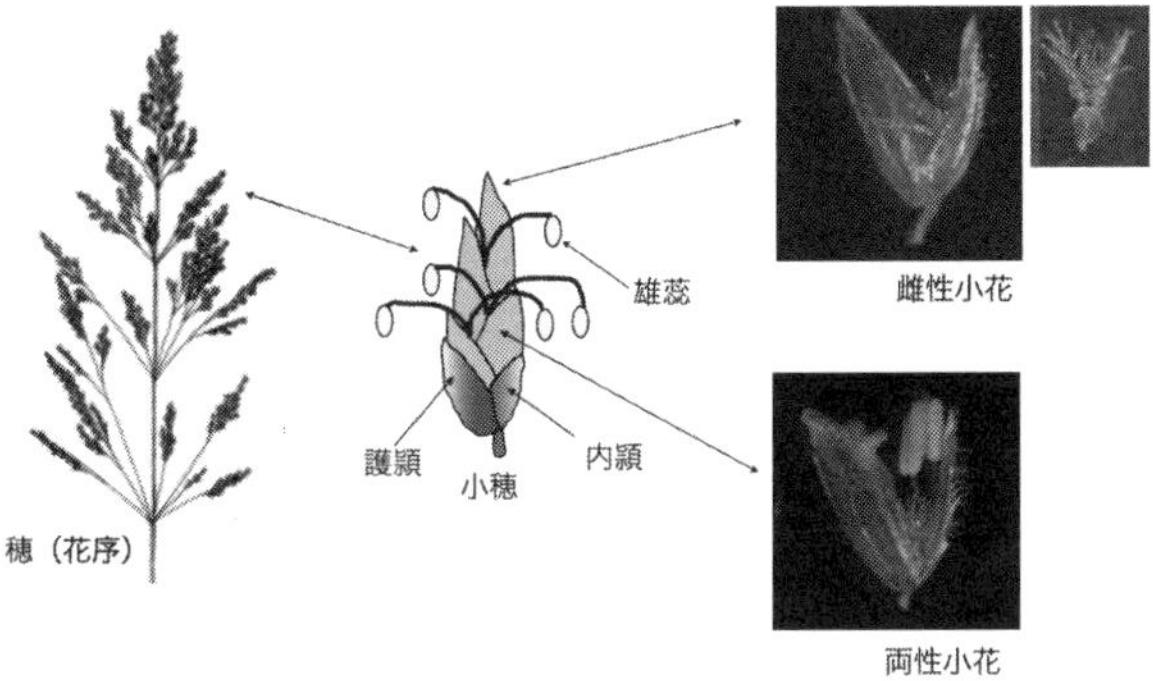

写真4. スズメノカタビラの花序
（小笠原）

確率が高まることになります。続いて起こる両性小花における受粉は自家受粉です。つまり、スズメノカタビラは他家受粉と自家受粉を並行的に行い、遺伝的な多様性を獲得しながら自己の遺伝的特性を保全していることになります。さらに驚くべきことに、スズメノカタビラは他家受粉と自家受粉の二つの生殖様式に加えて、雌蕊と雄蕊の受精を経ずに繁殖体を作る無融合生殖を行っている可能性があります。スズメノカタビラは形態の可塑性や種子休眠性だけでなく多様な繁殖様式を併せ持っているのですから、芝生の強害雑草になるのも頷けます。

ところでどのくらいの種類の雑草がゴルフ場のグリーンに生育しているのか、ご存知でしょうか。答えはスズメノカタビラ、メヒシバ、チドメグサなど、ごくわずかな種類に限られており、多くても一〇種類を超えることはありません。世界の高等植物の種数を二五万種とすれば、グリーンで生き残れる植物の確率はわずか一／二・五万に過ぎません。なぜグリーンで生育できる雑草の種類が少ないのでしょうか。それは前述したように、グリーンが他に類を見ないほど強力な刈り取りストレスの加わる場所だからです。

表2に示すように、植物に対する刈り取りストレスの強さを年間の刈り取り回数と刈り高で表してみました。イネは通常、日本では一年に一回しか栽培されませんから、年一回の割合で地際から三センチメートル程度のところで刈り取られます。牧草は年四～五回の割合で地際から五センチメートル程度のところで刈り取られます。これに対してグリーンではどうでしょうか。刈り取り頻度は年間三〇〇回にも上り、水田や牧草地の比ではありません。しかも刈り込みの高さはわずか数ミリメートルです。頻繁な刈り込みによって光合成の場である葉が失われるだけでなく、常に切り口が塞が

表2. 場所別の刈取りストレス

場所	刈り取り頻度（回／年）	刈高（mm）	刈取りストレス	ストレス相対値
グリーン	300	5	60	3,000
牧草地	4	50	0.08	4
移植水稲	1	30	0.03	1.5
河川堤防	2	10	0.02	1

刈取りストレス＝頻度（回数）×強度（高さ）
ストレス相対値：河川堤防の刈取りストレスを1とした場合の相対値
（小笠原）

らない状態ですので、病原菌が植物体内に侵入しやすいことも植物にとっては大きな障害になります。このように、ゴルフ場のグリーンは植物にとって極めて過酷な生育環境であることがお分かり頂けたかと思います。だからこそ、そこで生育できるのは刈り込みに耐えるように人為的に育種されたベントグラスと呼ばれる多年生のイネ科植物とスズメノカタビラを含めたわずか数種類の雑草に過ぎないのです。

　スズメノカタビラは超過酷なグリーンという環境で生きていくことができるのですから、養分が豊富で頻繁な刈り取りも踏圧もない畑は天国かと思いきや、畑を苦手にしています。ベントグラスは刈り取りに強い反面、暑さに弱いことから、グリーンではベントグラスを夏の暑さから守るために頻繁に散水されています。しかし、畑は当たり前のことですが冷却されていません。スズメノカタビラもベントグラスと同様に、刈り込みに強いのですが暑さが苦手です。だからスズメノカタビラは果樹園や水田裏作などの湿った場所でしか生きられないのです。

雑草はさまざまな環境適応性から、畑に生えるハコベのように土壌撹乱に高い適応性を示す雑草、水田に生えるイヌビエのようにイネ（作物）との競合に強い雑草、芝生に生えるスズメノカタビラのようにストレスに強い雑草に分けられます。人間にも、粗食に耐えて滅多に風邪を引かない割には人間関係で落ち込みやすい人と、その反対に人間関係には強いけれども、すぐにお腹をこわす人がいるのと同じです。もちろん、土壌撹乱、競合、ストレスのいずれにも強い雑草もいます。刈り取り、踏圧、光、水分などの他にも、アレロパシーと呼ばれる植物が生産する化学物質を介した生物間の相互作用も雑草の生態に関係しています。生態系では、二五万種の高等植物、一〇〇万種の昆虫、六千種の哺乳類、九千種の鳥類、数え切れないほどの微生物が相互に関係し、しかも植物が生産する一〇万種類以上もの二次代謝産物と呼ばれる化学物質が相互作用のシグナル伝達に関与しているのですから、生態系はまさに複雑そのものといえます。

4．雑草の起源

雑草の定義のところで述べたように、農耕地に生育する雑草の中には高山植物を祖先にするものもいますが、もともと作物として栽培されていた植物が逃げ出して再び雑草化したものもいます。ナタネ、コンフリー、ナガミヒナゲシ、ナギナタガヤなどは本来、作物、園芸種あるいは牧草として栽培されていたものが意図的に放棄されたか、あるいは自然に逃げ出して雑草化した植物で逸脱雑草（escaped weed）と呼ばれています。

ハルガヤも元は明治期にヨーロッパから日本に導入された牧草でしたが、収量が低いために放棄され、今では関東以北の道路、河川、空き地で雑草化しています。ハルガヤはバルザックの「谷間の百合」に出てくるイネ科植物で、英名のSweet vernal grassはクマリンという物質を含み桜餅のような芳醇な香りがすることから名付けられました。ハルガヤ種子には長短二本の芒《のぎ》がついており、短い芒を支点にして長い芒が土壌水分に反応して伸縮し、蚤《のみ》のように飛び跳ねます。なぜ、種子が土壌水分に応じて動き回るのか、その理由はよく分かっていませんが、種子が不規則な動きによって窪地や隙間などの種子の発芽に好適な環境を探しているのではないかという説もあります。カラスムギの種子にも芒があり、水分を感じて運動します。芒がハルガヤよりも大きく、簡単な湿度計を作ることができます。ちなみに、ススキとオギはとても似ていますが、ススキが乾燥した場所を好むのに対してオギは湿った場所を好むというような生育場所の違いの他に、ススキの種子にはオギと異なり明瞭な芒がついています。ススキの漢名に芒が当てられているのもこの理由からです。

また、姿形や種子の形成時期が作物に似ているために、防除しきれず作物に紛れて生育している随伴雑草（companion weed）と呼ばれる雑草もあります。その代表例がエンバク（作物）に対するカラスムギ（雑草）であり、イネ（作物）に対するタイヌビエ（雑草）です。さらに、アワ（作物）とその近縁種のエノコログサ（雑草）が交雑してできたオオエノコログサのような雑草もあります。作物の多くは雑草を改良したものであり、作物と随伴雑草は遺伝的に近縁であることから、両者の間で遺伝子流動が起こりやすく、このことが後ほど述べる遺伝子組換え作物が破綻した原因と考えられています。

この他にも、雑草の起源に関するものとして、Dump heap theory（ゴミ捨て山説）と呼ばれる説があります。人の生活様式が狩猟採集生活から農耕生活に移行するにつれて定住化が始まり、その結果、食物の廃棄物や糞尿が住居の近くに集められるようになってゴミ捨て山、すなわち肥沃な場所ができて、そこから好窒素植物の雑草が生まれたという説です。一般に、肥料は植物の成長に必要不可欠であり、肥料が多いほど植物は良く育つと思われがちですが、肥料が植物の成長にプラスに作用するか否かは肥料の施用量によって決まります。作物や山野草の多くは肥料（窒素）をやり過ぎると徒長して枯死しますが、農耕地雑草は多量の肥料を与えても枯死せず、むしろ与えれば与えるほど旺盛に成長します。土壌撹乱に適応性を示すことに加えて、窒素を好むことも農耕地雑草になるための必須の条件といえます。

最後に先駆種（colonizer）です。メソポタミア文明や黄河文明は広大な沃野が広がっている大河川の河口域に発達しましたが、ヒマラヤ山脈やカラコルム山脈などの氷河末端でも農業は盛んに行われています。それはミネラルを豊富に含む氷河の融水が潤沢に供給されているからです。氷河の外縁部には、土壌撹乱に適応した野生種（先駆種）が農業の開始前から既に定着しており、その野生種が近くの農地に次第に侵入して雑草化したというものです。ヨモギ、ナデシコ、スイバ、ハチジョウナ、ヤエムグラ、アカザなどが先駆種の代表的な雑草と考えられています。雑草の起源は決して一つではありません。上述したいずれの説も農耕地雑草を対象としたものであり、道路雑草や芝地雑草の起源についてはこれはといった定説はありません。

5．雑草の有用性

雑草の中には人の役に立つものがあります。まず、薬用になる雑草です。センブリやイチヤクソウをはじめ、多くの薬用植物が人の生活圏からやや離れた里山に生育していますが、身近な場所にもイタドリ、ドクダミ、タンポポ、ヨモギなど、薬草として利用される雑草が生育しています。イタドリの和名は「痛みを取る」に由来し、鎮痛剤になるだけでなく若芽は食用にもなります。ドクダミの別名は十薬で動脈硬化から利尿まで、さまざまな効能を示すことから名付けられました。セイヨウタンポポは明治初期に北米から野菜としてわが国に導入された植物で、根はタンポポコーヒーになり利尿作用があります。カフェインを含まないことから子供や妊婦用に重宝されています。また、ヨモギは草餅として食されますが、その理由はヨモギの芳香や薬効だけでなく、「艾《もぐさ》」の原料になる葉裏の軟毛と関係しています。軟毛があるからこそ餅や米粉と良く混じりますが、これがホウレンソウだったら均一には混じりません。そして、写真5に示した有吉佐和子の小説の「華岡青洲の妻」に登場するチョウセンアサガオです。別名が曼荼羅華あるいは気違い茄子と呼ばれるナス科の一年草で、この植物から世界初の乳がん手術に用いられた全身麻酔薬が作られました。もの凄く不快な匂いがし家

写真5. シロバナチョウセンアサガオ（*Datura stramonium* L.）（小笠原）

畜も嫌うことから、世界中で問題になっています。

次に食用になる雑草です。セイヨウタンポポはサラダに、イタドリはお浸しに、オオバコやドクダミは天ぷらで美味しく頂くことができます。葉がしっかりしていて、サクサク感は最高です。スベリヒユは畑の代表的な雑草で、山形県では「ひょう」と呼ばれており、郷土料理の材料になっています。トルコでもセミズオトゥ（semizotu）と呼ばれ、ヨーグルト和えなどで食べられています。

多くの雑草はワラビやゼンマイなどの山菜ほど食用として市民権を得ているわけではありませんが、中には意図的に栽培されていた（現在も栽培されている）雑草があります。それがイネの強害草のヒエです。日本では、昔からコメの冷害が頻発し、五六七年から一九四五年の約一四〇〇年間において歴史に残っているものだけでも五〇六回もの飢饉がありました。平均すると一回／二・七年の割合で、日本のどこかで人々は食うや食わずの大変な目にあっていたことになります。「人間五〇年、下天の内をくらぶれば夢幻の如くなり」なんて悠長なことを言っている場合ではなかったと思います。代表的な飢饉として、二六五万人が飢民になり一〇〇万人が餓死したと伝えられている一七三二年に起きた享保の飢饉と、東北地方を中心に三〇万人以上が餓死したと伝えられている一七八三年から一七八八年にかけて起きた天明の飢饉があります。飢饉は昔のことのように思われますが、一九三四年に東北地方で大凶作が起こり、秋田県だけでも一万人以上もの女性が身売りや出稼ぎに出されたといわれています。また、東北地方のコメの作況指数が五六で、急遽、タイからコメを輸入した一九九三年の米騒動も記憶に新しいところです。凶作は病害虫と冷害によるもので、現在のような農薬や耐冷性品種がなかった大正時代のはじめ頃までは、普段から飢饉に対する備えとして救荒作物が栽培されていました。その代表的な植物がヒエです。水田に生えているタイヌビという雑草なのか、あるいは作物として品種改良された栽培ヒエなのかは不明ですが、図3に示したように、ヒエはイネよりも低温に強く、明治三五年にはコメがわずか一八キログラム／一〇アールしか取れなかったの対してヒエは五一キログラム／一〇アールも取れたという記録が残っています。ヒエは今でも岩手県を中心に一〇〇ヘクタールほど栽培されており、一〇アール当たりの収量はコメの一／三ほどですが、価格がコメの二〜三倍になることから、粗放管理の割には収

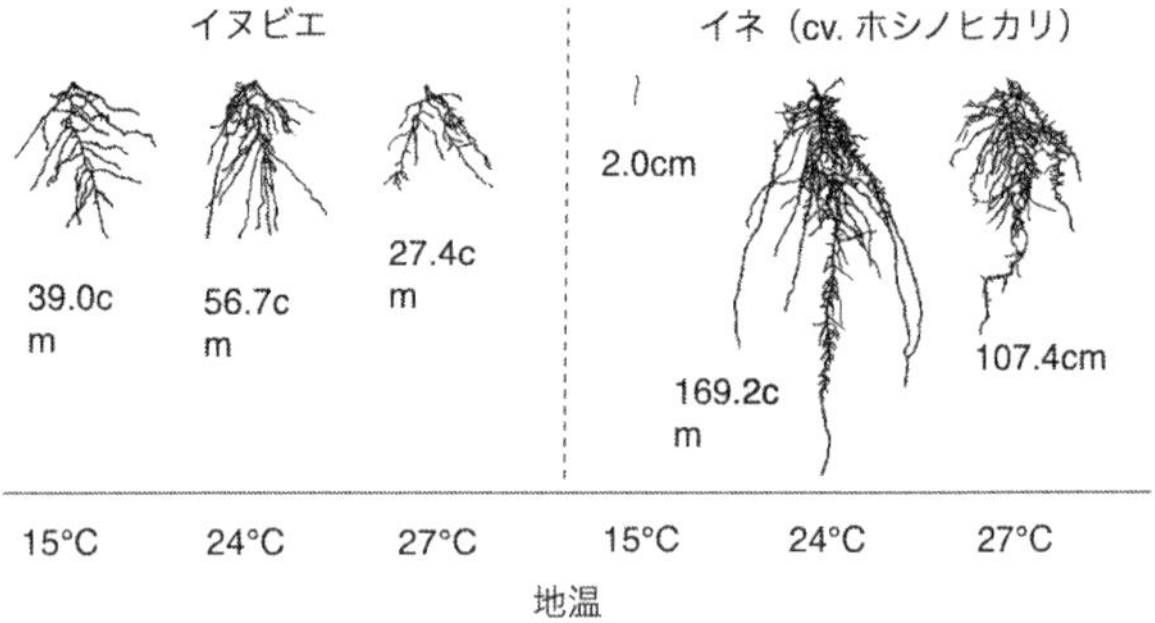

図3.　異なる地温条件下で育成した場合のイヌビエと直播イネの根系と総根長（小笠原）

益性の高い作物として注目されています。

　またまた話が横道に逸れてしまいますが、岩手県そして農民といえば、「雨ニモ負ケズ風ニモ負ケズ」の宮沢賢治が思い起こされます。宮沢賢治は農民を対象とした羅須地人協会という私塾を作った立派な農学者であると同時に短歌、詩、童話などのたくさんの作品を著した文学者ですが、あにはからんや彼の作品に登場する植物の多くはキキョウ、オミナエシ、ツリガネニンジンなどの里山植物であり、雑草は非常に限られています。畑地雑草はスズメノテッポウとカラスムギ、水田雑草にいたってはオモダカだけであり、代表的な雑草のメヒシバとイヌビエは載っていません。メヒシバとイヌビエは世界共通種（Cosmopolitan weed）ですので、その当時の岩手県の農地にも間違いなく生えていたと考えられることから、宮沢賢治は意図的に農耕地雑草を除外していた可能性があります。宮沢賢治の作品に「茨海《ばらうみ》小学校」という童話があり、その中に「すると野原はだんだん少なくなって、あのすずめのかたびらという一尺ぐらいのけむりのような穂を出す草……両方から門のように結んであるのです。一種のわなです。」という一節がありますが、「スズメノカタビラ」ではなく「カゼクサ」ではないかと思われます。ちょっと粗探しのようになってしまいましたが、宮沢賢治はとても植物に明るく、彼の全作品には四四科九〇種もの植物が記載されており、その内の一二種が帰化植物でした。

帰化植物とは明治以降に外国から入ってきた植物のことを指し、明治以前から既にあった植物が在来植物です。ある地域に生育するすべての植物種数に対する帰化植物の種数の割合を帰化植物率と呼んでおり、宮沢賢治の全作品に当てはめてみると、帰化雑草は一三・三パーセントでした。海外との人や物の交流が盛んになるにつれて、帰化植物の種類は増加し、現在は優に一〇〇〇種を超えていると考えられています。

写真6. 電柱に巻き付いたクズ（*Pueraria lobata*（Willd.）Ohwi）とクズの花（小笠原）

ヒメジョオン、ハルジオン、セイヨウタンポポ、オランダミミナグサ、オオイヌノフグリなど身近な植物のほとんどが帰化植物です。現在の日本で、帰化植物率が一〇パーセント台の場所は地理的に隔離された特殊な場所以外にほとんど見当たりません。宮沢賢治が生きていた時代の原野の風景は現在と大きく違っていたと思われます。

ヒエはいざという時のための救荒植物でしたが、写真6に示すクズは普段から利用されていました。今は各地でフェンスや樹木に絡みつく嫌われ者になっていますが、かつては根に含まれる澱粉が葛粉《くずこ》として食用になっていただけでなく、葛布《かっぷ》と呼ばれる織物が蔓の繊維から作られていました。葛布は静岡県掛川市の名産であり、お洒落な鎌倉武士は葛布で作った直垂を着ていたそうです。イラクサ科の多年生植物のカラムシ（苧《からむし》）も繊維の原料になり、福島県昭和村には「からむし工芸博物館」があります。

また、雑草は織物の原料だけでなく、染料にもなります。黄八丈で有名な八丈島の絹織物の黄色は一年生イネ科雑草のコブナグサで染められたものです。ツユクサは別名ボウシバナと呼ばれ、その栽培種のオオボウシバナの花弁に含まれている青色の水溶性色素のアントシアニンが友禅染めの下絵に使われており、主産地の滋賀県草津市の市花になっています。さらに、雑草は草遊びの材料にもなっていました。シロツメクサの花で編んだ首飾り、タンポポの茎で作った水車や笛、オオバコの花茎で遊んだ草相撲など、雑草は子供の情緒形成にも一役買っていました。

一方、雑草は生態系の一次生産者としても重要な役割を果たしています。写真7に示すクロナガアリはイソップ童話の「アリとキリギリス」に登場する働き者のアリのモデルで、日本に生息する唯一の植物の種子だけを餌にする収穫アリです。クロナガアリは春の暖かい日中に行われる巣別れと、秋の一時期にメヒシバやエノコログサ種子を集めるために外に出る以外は、一年の大半を地中の巣の中で暮らしています。雑草種子は暗くてしめった場所に置かれると発芽しますが、なぜ、巣に運びこまれた雑草種子が発芽せずに長期間貯蔵されているのか不思議です。蟻酸カルシウムのような物質が雑草種子の発芽を抑制しているのではないかという説もありますがよく分かっていません。

また、スミレやホトケノザもアリと深い関係にあり、これらの植物はアリ散布植物と呼ばれ、アリによって分布を拡大することが知られています。写真8および図4に示すように、スミレの種子には糖、脂肪、アミノ酸を含んだ種枕《しゅちん》（エライオソーム）と呼ばれるものが付いています。アリはスミレ種子を餌としてせっせと巣に運び、糖やアミノ酸は食べられてしまいますが、種子の本体である胚や胚乳は食べ残されることから、結局、雑草種子は栄養分や通気性に富んだ土中に播種され、生育地が拡大されることになります。このように同じ場所で異なる生物が互いに利益を

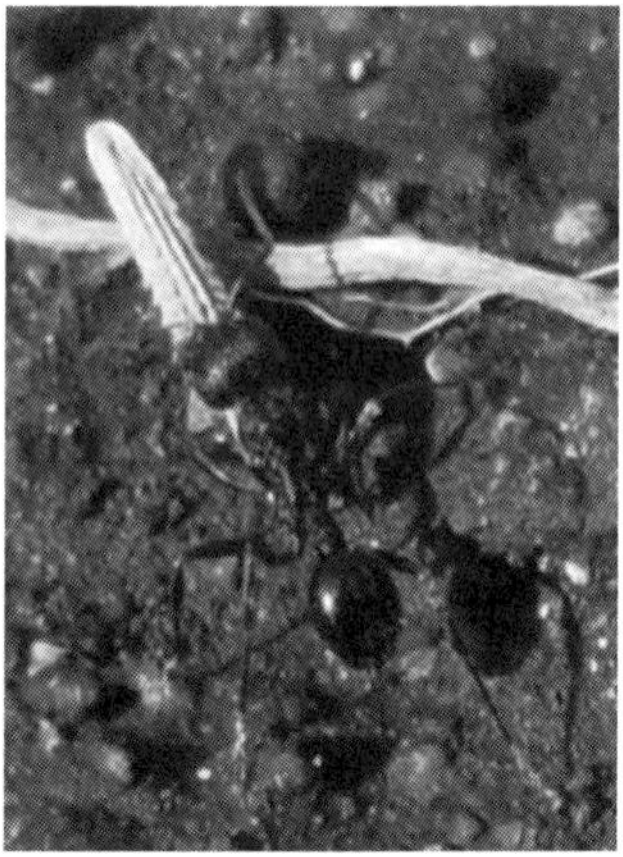

写真7. セイヨウタンポポの種子を運ぶクロナガアリ
（小笠原）

得る関係を相利共生と呼んでいます。アリとの関係の他にも、ヒメジョオン、セイヨウタンポポ、シロツメクサなどはミツバチの貴重な花粉源や蜜源になり、カタバミはヤマトシジミ、カラムシはアカタテハ、スミレ類はツマグロヒョウモンの食草になっています。

写真8. ホトケノザ（*Lamium amplexicaule* L.）
（小笠原）

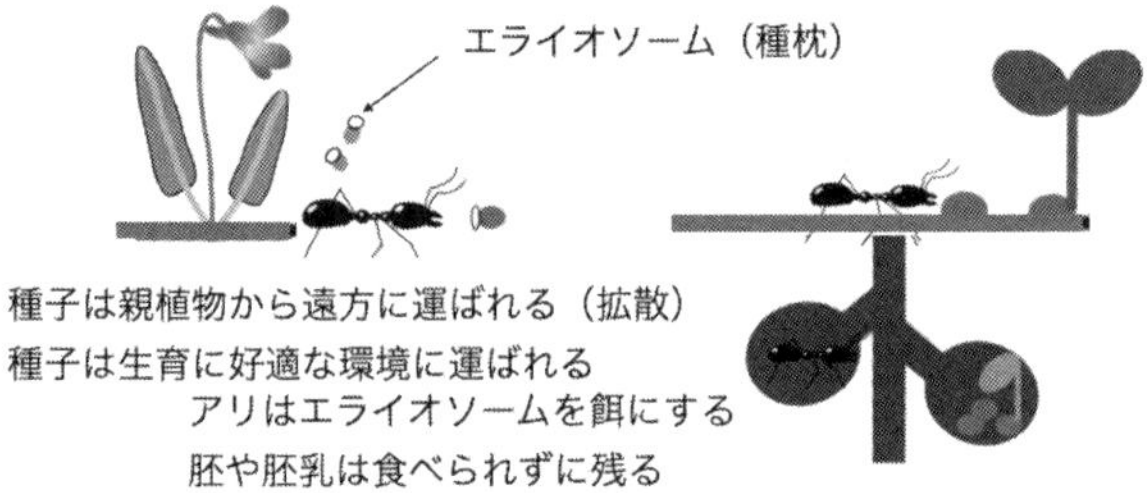

図4. アリ散布植物とアリの相利共生的な関係
（小笠原）

このように雑草は生態系の一員としてさまざまな生物と相互に関わっていますが、もちろん人の生活にも大きく役立っています。その一つが雑草による土壌保全です。雑草がなければ裸地化し、降雨によって土砂が流亡してしまいます。急傾斜で雨の多い日本では、なおさらのことです。しかし、雑草だったら何でも良いというわけではありません。例えば、ジシバリ（地縛）という多年生のキク科雑草があります。地面を縛るように根系を発達させることから名付けられた雑草です。チガヤも根系を良く発達させる雑草です。これらの雑草が傾斜地に優占すると土壌は崩壊しにくくなることから、土壌保全のために積極的に残すべき植物といえます。また、私たちの身の周りには、重金属や石油などで汚染された場所がありますが、雑草はこれらの不良環境地の修復にも利用されています。以下に雑草を活用した不良環境修復技術と傾斜地の土壌保全について説明します。

6. 雑草を用いた重金属汚染土壌の修復技術

世界には、塩類集積地や石油汚染地など、さまざまな不良環境がありますが、ここでは重金属汚染地に焦点を当てて、雑草による不良環境修復技術を説明します。銅は高い耐腐食性、導電性、熱伝導率、抗菌性などから電化製品や建築資材さらには電線や硬貨などに利用されています。鉛もまた各種の合金の原料、ガス管、建築資材などに、カドミウムは電池や半導体の原料などに使われています。これらの重金属の他にも、水銀や砒素なども薬品や工業製品に利用されており、私たちの生活は重金属なしには成り立たないといっても過言ではありません。

しかし、その一方で重金属は場合によっては人の健康に重大な被害をもたらすこともあります。カドミウムを過剰に摂取すると、腎臓機能が低下してカルシウムとリン欠乏が起こり、骨軟化症や骨多孔症に罹ってしまいます。これが一九六八年に初めて公害病に認定された「イタイイタイ病」です。二〇〇三年に施行された土壌汚染対策法は土壌中の有害物質によって引き起こされる人の健康被害を防止する目的で制定された法律であり、その中でカドミウムの地下水中の基準値が〇・〇一ピーピーエム（百万分の一）以下と定められています。令和三年四月より〇・〇〇三ピーピーエムと一層厳しくなりました。基準値を超えるカドミウムが鉱山跡地やメッキ工場跡地の他にも下水処理場で検出されることもあります。これは自然界において土壌中にごく微量に存在するカドミウムが作物の根から吸収され、人がその作物を摂取して最終的に糞尿と一緒に排出されるからです。また、土壌だけでなく食品に含まれる有害成分についても国際的な取り決めがあります。コーデックス委員会が二〇一一年に取りまとめた指針に従い、玄米中の許容カドミウム濃度は平成二二年度からそれまでの一・〇ピーピーエムから〇・四ピーピーエムに引き下げられました。カドミウム汚染地を水源とする河川水を灌漑水として利用している水稲栽培においても深刻な問題となっており、カドミウムを含む農用地土壌汚染対策指定地域は全国で約七六〇〇ヘクタールにおよび、この内、平成三〇年度時点で九三・七パーセントの約七一〇〇ヘクタールで対策事業は終了していますが、約五〇〇ヘクタールの水田が未だに対策指定地として残されています。

　これまで非汚染土壌を客土する方法や汚染物質を化学的に除去する方法が重金属汚染土壌の修復に用いられていましたが、近年、ファイトレメディエーション(phytoremediation)と呼ばれる植物を活用した修復技術が注目されるようになりました。重金属は分解できないことから、ファイトレメディエーションでは、土壌中の重金属を植物の根に吸わせるか、あるいは植物の根圏に固定させるかのいずれかになります。一方、重金属汚染地では、単に過剰の重金属が蓄積しているだけではありません。土壌の排水性が悪かったり土壌が貧栄養であったり、場合によって日当たりの悪い所もあります。このことから表3に示すように、ファイトレメディエーション植物には重金属に耐性を示すことはもちろんのこと、汚染地の気象条件や土壌条件下でも旺盛に生育することが求められます。

　また、病害虫に強いことや在来植物であることも維持管理や地域生態系を保全する観点から求められます。これらの要求を満たす植物がどこに生育しているかといえば、

表3. 雑草を用いたファイトレメディエーションの長所と短所

長所	短所
・汚染地の自然環境に対する適応性が高い ・施肥や病害虫防除が不要である ・地域生態系への影響が小さい ・土木工学的手法よりも安価である	・種子や栄養繁殖器官の入手が困難である ・大型雑草により景観が低下する ・修復に時間を要する

（小笠原）

それは汚染地あるいは汚染地周辺ということになります。したがって汚染地の雑草植生を詳しく調べることにより、ファイトレメディエーションの候補植物を容易に見つけ出すことは可能です。しかし、たとえ有望な雑草が見つかったとしても、大量の雑草種子や栄養繁殖器官をどうやって低コストで安定的に供給するかという問題が生じてきます。しかしこの問題は候補植物が生育している表土を利用することで解決できます。候補植物は汚染地以外の場所にも生育しており、そこの表土にたくさんの種子や塊茎が含まれているからです。

以下に、筆者らがカドミウムを対象に一二三種類の雑草を用いて行ったファイトレメディエーション研究の概要を説明します。まず、どんな雑草がカドミウムに強くて、どんな雑草が弱いのかを調べました。その結果、表4に示すように、カドミウムに対する雑草の感受性は科によって異なり、イネ科雑草が非感受的であるのに対して、マメ科雑草が感受的であることが分かりました。カドミウムに強いイネ科雑草は土壌修復に利用できますし、カドミウムに弱いマメ科雑草も検出植物として利用できます。具体的には、カドミウム汚染地にマメ科雑草の種子を播種するかあるいはマメ科雑草の種子を含む表土を撒きます。マメ科雑草はカドミウムに敏感ですから、発芽すればその場所のカドミウム濃度が低いことになり、逆に発芽しなければ土中に高濃度のカドミウムが残留していることになります。土中のカドミウム濃度は化学分析で調べることもできますが、土壌汚染が広範囲に及ぶ場合は、カドミウム濃度が汚染地全域で必ずしも均一ではないことから、多地点から土壌サンプルを採集する必要があり、分析コストが高くなります。これに比べて、雑草を用いたファイトレメディエーションでは雑草種子を播種するか雑草種子を含む表土を撒くだけですから、低コストでしかも長期の経過観察が可能になり、土壌汚染の修復経過を視覚化できるというメリットもあります。

　雑草の茎葉（Shoot）と根（Root）に含まれるカドミウム濃度の比（S／R比）も全雑草について調べてみました。その結果、表5に示すように、キクニガナをはじ

表4. 雑草のカドミウム感受性

科名	供試種数	I50値（X）：mg/kg				
		X<10	10≦X<20	20≦X<30	30≦X	平均値
イネ	45	-	33.3%	40.0%	26.7%	22.6
キク	31	41.9%	38.7%	12.9%	6.5%	13.2
ナデシコ	17	76.4%	11.8%	5.9%	5.9%	8.8
アブラナ	15	66.7%	33.3%	-	-	7.5
マメ	15	100%	-	-	-	4.6

Takuya ABE (Soil Science and plant nutrition, 54から)

めとするキク科雑草は根よりも茎葉に多量のカドミウムを蓄積するのに対して、オオクサキビをはじめとするイネ科雑草は逆に茎葉より根に多量のカドミウムを蓄積することが分かりました。S／R比とはカドミウムが雑草の茎葉と根のどちらに蓄積されやすいのかを表す指標であり、雑草が重金属回収型と重金属固定型のいずれのファイトレメディエーションに適しているのかを判断する基準になります。すなわち、重金属を茎葉に蓄積する植物では、植物に重金属を吸収させた後に茎葉を刈り取って化学的な処理により重金属を抽出・回収することができます。一方、重金属を根に蓄積する植物では、たとえ根に重金属を蓄積させることができたとしても、その根を回収するのに莫大なコストがかかることになることから、この場合は重金属を根から回収するよりも、重金属を植物の根域に固定させて外部に

表5. 雑草のカドミウム吸収部位

雑草名	Cd含有率（mg/kg・DW）		
	S	R	S／R
キクニガナ	77.0	21.6	3.6
ヒメクグ	48.3	34.6	1.4
アオビユ	24.8	58.8	0.4
リョクトウ	3.5	47.6	0.07
ツボミオオバコ	1.4	70.2	0.02
オオクサキビ	1.0	28.7	0.03

カドミウム処理濃度：3mgkg-1
Takuya ABE （Soil Science and plant nutrition, 54から）

漏れないようにすることが有効な方法になります。

　このことから茎葉よりも根にカドミウムを蓄積するイネ科雑草はカドミウムを根系に固定して汚染地から外部への漏出を防ぐ固定型のファイトレメディエーションに適していると考えられます。ここでは研究の一部しか紹介しませんでしたが、重金属の蓄積部位や蓄積量だけでなく、根の形成深度や形成量もファイトレメディエーション植物を選ぶ際の評価ポイントになりますが、まだまだ不明な点が数多く残されており、今後のさらなる研究が待たれるところです。

7. 雑草を用いた法面保全

　日本は傾斜地の多い国で、国土の七割近くが中山間地域に含まれています。もし、地面が植物で覆われていなければ土壌は瞬く間に雨で流されてしまい、生活環境は危機的な状況に陥ってしまいます。以前、中国の黄土高原と呼ばれる日本の国土面積の一・五倍もあるところで、沙漠の緑化研究に携わったことがありますが、あの荒涼たる風景を思い出すたびに、雑草の最たる有用性が土壌保全ではないかという気がしてなりません。

　道路建設や小さな水田を大型の水田に変える基盤整備などの工事で出現する傾斜地は法面《のりめん》と呼ばれ、土壌を盛った盛土《もりど》法面《のりめん》と土壌を削った切土《きりど》法面《のりめん》に分けられます。盛土法面では土中の埋土種子集団から多くの雑草が生えてきますが、写真９に示すように、土壌が痩せていて埋土種子集団が形成されていない切土法面からは雑草はほとんど生えてきません。このような場所では、地表面が雨水で洗掘されて溝が形成されるガリー侵食（gully erosion）が起こりやすいために、地表面が何らかの植物で被覆されていなければなりません。

　被覆植物には、ファイトレメディエーション用植物と同様に、根系を土中に縦横無尽に張り巡らせて土壌を強く保持する能力だけでなく、どんなところでも生育できる高い環境適応能力が求められます。以下に、筆者らが二〇〇三年に栃木県内の水田に

鉱山跡地（法面）の緑化　　水田畦畔の切土法面

写真9. 鉱山跡地と水田の法面
（小笠原）

おいて、基盤整備の前後で畦畔法面の雑草植生がどのように変わったのかを調べた研究結果を紹介します。

表6に示すように、一四七種もの雑草が基盤整備前の畦畔法面で観察され、その内、帰化雑草は二〇種で帰化雑草率は一三・六パーセントでした。ところが同じ地域において基盤整備三年を経た畦畔法面を調査したところ、雑草の種類は一四七種から三二種に減少し、逆に帰化雑草率は二八・一パーセントに上昇していました。

また、基盤整備前の畦畔法面で観察された一四七種の雑草を生育型で分けたところ、表7に示すように、栄養繁殖型が三種類、分枝型が三二種類、直立型が二三種類、つる性が九種類、ロゼット型が四三種類、

表6. 雑草植生に及ぼす基盤整備の影響（栃木県那須烏山市）

調査場所	帰化雑草種数	総出現種数	帰化雑草率
基盤整備前の水田畦畔	20	147	13.6%
基盤整備後3年を経た水田畦畔	9	32	28.1%

（小笠原）

叢生型二七種でした。さらに休眠型から分けると一年草が五三種類、多年草地表植物が一九種類、多年草半地中植物が三三種類、多年草地中植物が二一種類、水湿植物が一七種類でした。なお一四七種の雑草には毒草は全く含まれていませんでした。細かい説明になってしまいましたが、このデータは一年生雑草から多年生雑草まで、さまざまな雑草が周年にわたって乾燥している場所から湿っている場所まで、あらゆる時期あらゆる場所に生育していることを示しています。

傾斜地は図5に示すように、高い場所から低い場所にかけて天端《てんば》、法肩《のりかた》、法面、法尻《のりじり》と呼ばれ、天端が固結して硬いのに対して法面は軟らかく、法肩は乾燥しているのに対して法尻は湿っていることから、同じ法面においても位置によって土壌水分や土壌硬度が異なることが分かります。このことは傾斜地全体を植物で被覆するためには、踏圧や乾燥に強い植物から湿った場所でも旺盛に生育する植物まで

表7. 栃木県那須烏山市の基盤整備前の水田畦畔・法面・水路に形成された雑草植生の生活型

生活型		種数
休眠型	一年草	53 (36.0%)
	多年草（地表植物）	19 (12.9%)
	多年草（半地中植物）	33 (22.4%)
	多年草（地中植物）	21 (14.2%)
	水湿植物	17 (11.5%)
	小高木	3 (2.0%)
	低木	1 (0.6%)
散布器官型	風・水	38 (25.8%)
	動物	12 (8.1%)
	機械	18 (12.2%)
	重力	74 (50.3%)
	栄養繁殖	5 (3.4%)
生育型	分枝	32 (21.7%)
	直立	33 (22.4%)
	蔓	9 (6.1%)
	匍匐・ロゼット	43 (31.2%)
	叢生	27 (18.3%)

（小笠原）

多様な植物が必要であり、一種類の植物（雑草）だけでは法面全体を緑化できないことを示しています。このように基盤整備前の畦畔法面の植生は多様性に富んでおり、一年中、さまざまな小型の雑草で被覆されていたために、土壌流亡が未然に防がれていたと考えられます。

多様性はある場所におけるα多様性と、土地利用形態の異なる場所間のβ多様性とその和である地域全体のγ多様性に分けられますが、この場合はα多様

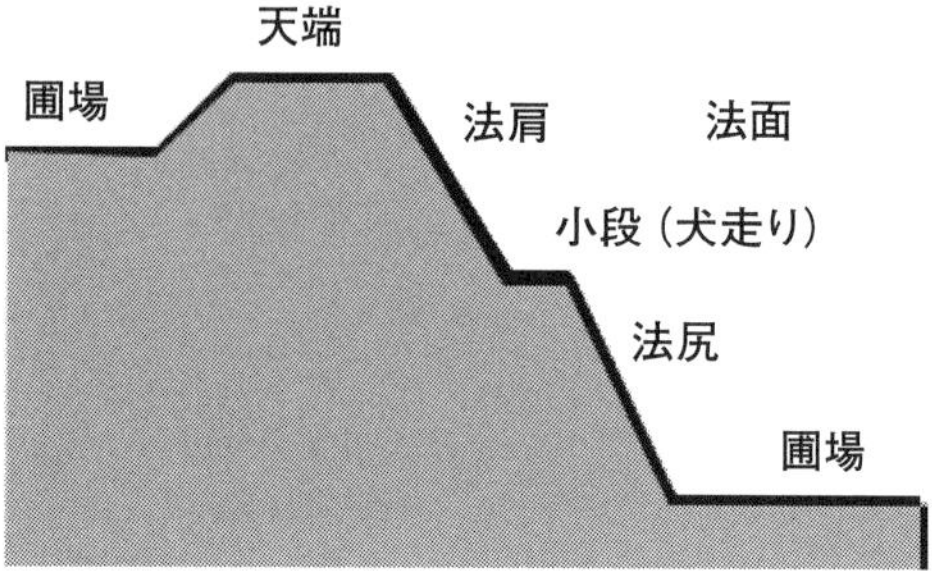

図5. 法面の断面と各部の名称（小笠原）

性が高いということになります。この多様な水田法面植生はどのようにして形成されたのでしょうか。決して、自然に出来上がったのではなく、農家の人たちが長い年月をかけて、根の張り方や乾燥に対する強さなど、さまざまな観点から雑草を取捨選択して作り上げたものと考えられます。昔は牛馬が農耕用に飼育されていたことから、雑草が家畜の餌になるかどうか、つまり毒かどうかも雑草を選ぶ重要なポイントだったに違いありません。草刈りが毎日行われていたことから、大型の雑草が駆逐されて、小型の雑草に徐々に収斂したと考えられます。さらにゲンノショウコやアヤメも法面に生育していました。ゲンノショウコは薬用として利用されていたでしょうし、アヤメは農作業の疲れを癒すために意図的に植えられたのかも知れません。

　単に種類が多いのは多種類であって多様性ではありません。何が多様性かといえば、生き方が多様なのであって、生活様式の異なる雑草が同所的に生育しているからこそ法面（傾斜地）が流されずに済んでいるといえます。多様性に富んだ水田法面植生がクズ、セイタカアワダチソウ、オオアレチノギクなどが優占する単純な植生に変わったのは、基盤整備によって特定の雑草しか生育することのできない切土法面が出現したためと考えられます。

　土壌流亡はリンゴやミカンなどの果樹園でも大きな問題になっています。リンゴは青森県や長野県などの丘陵地で栽培されているのに対してミカンは静岡県や愛媛県などの急傾斜地で栽培されています。表8に示すように、果樹園の栽培方法は果樹園全面を除草する清耕裸地栽培、牧草や雑草を全面に生やす草生栽培、通路部分だけに生やす部分草生栽培に分けられ、草生栽培と部分草生栽培が土壌流亡防止に有効であることが知られています。また、沖縄県では、珊瑚の生育に悪影響を及ぼす赤土をサトウキビ畑から流出させないようにするために、畑の周囲に雑草を生やして土壌流出を

表8. リンゴ園における植生管理方法別の水、土壌、窒素の流出量

管理方法	水流出量 (kl/10a)		土壌流出量 (t/10a)		窒素流出 (g/10a)	
清耕裸地	51.8	(100%)	980.7	(100%)	399.0	(100%)
草生栽培	6.2	(11.0%)	23.3	(2.0%)	79.7	(19.0%)

草生区：オーチャードグラス
清藤（牧草と園芸　第38巻7号から）

抑える研究が行われています。

雑草を用いた土壌保全の歴史は古く、海外でも昔から行われています。その代表例が一九三三年に第三二代アメリカ合衆国大統領フランクリン・ルーズベルトの主導のもとに実施されたテネシー川流域開発公社（TVA: Tennessee Valley Authority）によるダム開発とそれに伴うクズを用いたダム法面の緑化です。クズは北米には自生しておらず、一八六七年のフィラデルフィア万博において日本館の装飾用として米国に渡ったのが最初で、当初は園芸植物として珍重されていました。一九五三年には、一〇トンものクズ種子が緑化用として日本から米国に輸出され、ダム法面の緑化に大きく貢献しましたが、やがて各地で雑草化し、現在では、九州と同じくらいの面積がクズに覆われるようになりました。日本のクズが米国で雑草化し、その逆に北米原産のセイタカアワダチソウやセイバンモロコシが日本で雑草化した

ことを考えると、両者痛み分けということになります。

米国では、建物や電柱がクズで覆われて怪物のように見えることから、クズはグリーンモンスターと呼ばれており、場所によっては全山がクズで覆い尽くされているところも少なくありません。日本でもクズは増加の一途を辿ってますが、その群落は外套の一種であるマントのように林縁を囲うことからマント群落と呼ばれており、山全体に広がることは滅多にありません。米国で猛烈に増えている理由は定かではありませんが、土壌の肥沃度と関係しているようです。つまり土壌が肥沃で温暖な日本では、多様な植物が生育することによって種間の競合が起こり、その結果、クズといえども容易に優占化できませんが、半乾燥地で土壌の痩せている米国では、窒素固定をするマメ科植物のクズに有利だったのかも知れません。

クズはその旺盛な成長力ゆえに優れた緑化植物にもなりますが、一旦、人の手から離れると防除困難な雑草になります。野良犬（feral dog）や野猫（feral cat）のように、雑草が悪いのではなく、管理を放棄した人間が悪いということになります。ちなみに、人の管理下から逃げ出して野生化した作物は野良作物（feral crop）と呼ばれています。

ここではほんの一例を紹介したに過ぎませんが、雑草にはさまざま有用性があり、人の生活には無くてはならない植物であることがお分かり頂けたかと思います。しかし、その一方で、放置すると甚大な被害をもたらすようになります。人の管理次第で有用にも有害にもなり、この二面性こそが雑草と人との関係といえます。

第二章　雑草管理に関連するさまざまな事柄について

第一章では、定義、起源、生態、有用性などについて述べました。第二章では、雑草の生物学的な特性ではなく、雑草によって間接的に引き起こされる事柄や雑草に関わる事柄、例えば雑草管理方法などについて述べることにします。

1. 遺伝子組換え作物と不耕起栽培

作物栽培技術の一つである遺伝子組換え技術が最近になって綻び始めています。ここでは遺伝子組換え技術が開発された経緯と破綻の原因を雑草の視点から探っていきたいと思います。遺伝子組換え作物について述べる前に、まず作物の起源について説明します。イネは中国長江流域の雲南省辺りで発祥したと考えられており、その祖先は赤飯のルーツで赤米と呼ばれる野生イネ（weedy red rice）という雑草です。おそらく栽培を始めた頃は一つの穂に数粒くらいしか種子を着けず、しかも出穂すると直ぐに脱粒してしまったと思われます。人類は八〇〇〇種ものイネ科植物の中から、どのようにしてイネを栽培作物として選んだのでしょうか。そして遥か遠い未来にコシヒカリのような美味しいコメが栽培されることを予測したでしょうか。古代人の先見性には驚かされるばかりです。

また、ダイズの起源は中国の黄河流域と考えられていますが、東京都北区にある約六〇〇〇年前の縄文時代前期の集落遺跡から出土した土器にダイズの祖先種であるツルマメの痕跡が確認されていることから、ダイズは世界各地で同時多発的に栽培化された可能性があります。写真10の植物がダイズの祖先種のツルマメです。ツルマメの種子はわずか二～三ミリメートルの大きさしかありませんが、約五〇〇〇年前の縄文中期の遺跡から一センチメートルほどのマメが見つかっています。つまり、縄文前期から中期までの一〇〇〇年間で縄文人は雑草のツルマメから作物のダイズを改良したことになります。

表9に示したように、イネやダイズをはじめとする

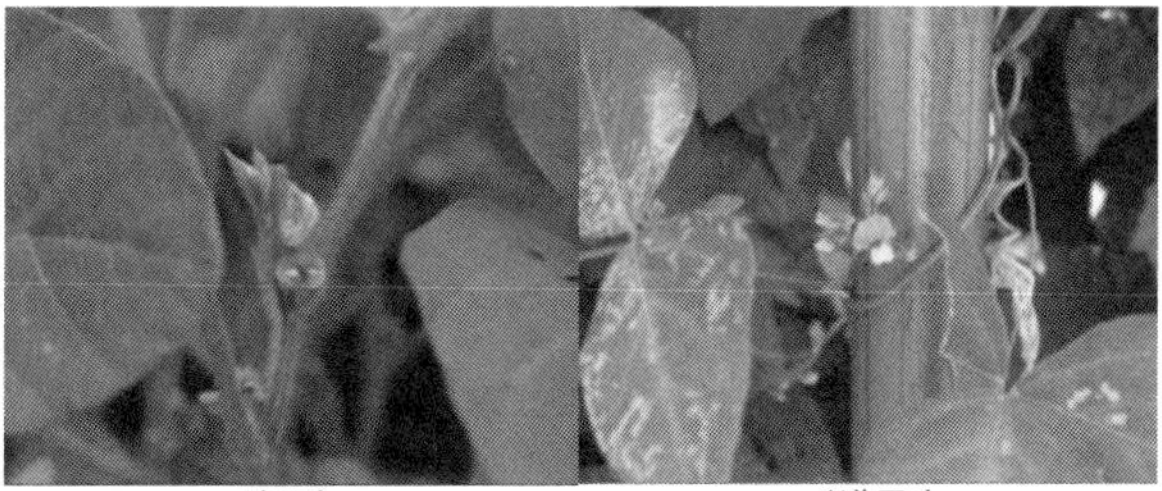

ダイズ　　ツルマメ

写真10. ダイズ（*Glycine max* (L.) Merrill）とその祖先種のツルマメ（*G. soja* Sieb. et Zucc）
（小笠原）

表9. 祖先野生種とそれらの植物から派生した栽培種

祖先野生種	栽培種
Avena fatua（カラスムギ）	*A. sativa*（エンバク）
Hordeum spontaneum	*H. vulgare*（オオムギ）
Oryza rufipogon	*O. sativa*（イネ）
Zea mexicana	*Z. mays*（トウモロコシ）
Pisum elatius	*P. sativum*（エンドウ）
Glycine soja（ツルマメ）	*G. max*（ダイズ）
Solanum incanum（ヒラナス）	*S. melongena*（ナス）
Solanum andigena	*S. tuberosum*（ジャガイモ）

（Gideon Ladizinskyの「栽培植物の進化」から）

多くの作物が雑草あるいは野生種から改良されたもので、このことが遺伝子組換え作物が破綻した原因の一つといえます。

次に、遺伝子組換え作物の開発経緯を簡単に振り返ってみましょう。米国では、二〇世紀初頭にトラクターが登場し、それまでの馬による中耕《ちゅうこう》除草から機械による中耕除草に変わりました。中耕除草とは、畑の畝《うね》間《ま》に生える雑草を耕して取り除くことで、雑草が発生するたびに何度もやらなければならない作業であることから、経営規模を拡大する上での最大の制限要因になっていました。裕福な農家はトラクターを購入して、それまで以上に経営規模を拡大させることができましたが、経済的に余裕のない農家は社会の変革に取り残されることになりました。当時は世界的な経済不況の真っ只中にあり、没落した農家の一家がトラクターの巻き上げる土埃の中を流浪していく情景を描いた小説がスタインベック（John Emst Steinbeck：一九〇二～一九六八）の「怒りの葡萄」です。農業生産性を上げるためにトラクターによって農地が過剰に耕耘されるようになり、その結果、土は細く砕かれて風や雨で飛ばされたり流されたりして、徐々に農地から失われるようになりました。これが土壌流亡（Soil erosion）です。

一九四〇年代の一時期、アメリカ農業は土壌流亡によって危機的状況に陥りましたが、それを救ったのが第二次大戦後に登場した有機合成除草剤の2,4-Dです。除草剤がトラクターによる中耕除草に取って代ったことにより、耕耘による土壌への負荷が軽減され、土壌流亡はやがて収まりました。しかし、それも束の間のことでした。農業生産性を上げるために除草剤が過剰に使われるようになり、地下水汚染という新たな社会問題を招くことになりました。その後、土壌残留性の低い除草剤が開発されましたが環境汚染問題は抜本的な解決に至らず、結局、トラクターによる機械除草が復活し、それに合わせて土壌流亡問題も再燃するようになりました。

畑を耕すから表土が流亡する。ならば、いっそのこと畑を耕さなければ良いのではないかということになりました。これが不耕起栽培の発想です。畑を耕さなければ土壌は流亡しませんが、その代わりに雑草植生は一年生雑草から多年生雑草そして灌木類に遷移します。その一方で、一年生雑草から灌木類までどんな雑草でも茎葉に噴霧して枯らすことのできるグリホサートという除草剤が米国のモンサント社で開発されました。そしてグリホサートで枯れない作物、すなわち遺伝子組換え作物（GMO: Genetically Modified Organism）を作ることができれば、グリホサートに非感受的な作物だけを残して畑に発生する全ての雑草を枯らすことができるのではないかというアイデアが生まれました。

　ここで簡単に遺伝子組換え作物について説明します。グリホサートはチロシンや葉酸などの芳香族化合物の生合成を触媒するＥＰＳＰ合成酵素（EPSP synthase）の働きを阻害する除草剤です。そして除草剤と酵素の関係は鍵と鍵穴との関係に例えることができます。鍵穴（酵素）の形（三次元構造）が少しでも変われば鍵（除草剤）は入らなくなり、錠は開きません（酵素活性は阻害されず、除草効果が発現しない）。あるいは一個の鍵穴に一個の鍵が対応すると仮定すれば、鍵穴がたくさんあれば鍵が足りなくなって開かない錠が出てきます。非感受性作物は形の異なる鍵穴を持っているか、形は同じでもたくさんの鍵穴を持っているかのどちらかになり、これが遺伝子組換え作物の原理です。

次に不耕起栽培について簡単に説明します。遺伝子組換え作物の開発に先立って畑全体を耕耘するのではなく、土壌が飛散しないように畑に細い筋状の切れ目を入れて、その隙間で作物を育てる不耕起栽培（No tillage）あるいは省耕起栽培（Reduced tillage）と呼ばれる作物栽培技術が開発されました。この栽培技術では、例えばトウモロコシ、ダイズの順番で作付けする場合、前作のトウモロコシを収穫した後に茎葉を土壌にすき込まずに粉砕して表面に撒きます。土壌がトウモロコシの茎葉で被覆されることにより、雑草の発生をある程度、防ぐことができます。この栽培技術は作物の残渣を利用することから「Crop Residue Management System」とも呼ばれ、作物を収穫した後にイタリアンライグラスという牧草を秋に播種し、翌春、除草剤で枯らして、その枯れ草で土壌を被覆することもあります。なぜイタリアンライグラスを使うのかといえば、その中に雑草の発生を阻害する他感作用物質が含まれているからです。被覆植物の除草効果はそれなりにあるのですが完全ではありません。不耕起栽培を続けていくと少しずつ多年生雑草が増えてきて、やがて多年生雑草を防除しなければならなくなります。つまり多年生雑草に効くグリホサートを撒かなければならなくなってきます。ところがグリホサートは非選択的で雑草だけでなく作物も枯らしてしまうために、直接、畑で使うことができませんでした。これを可能にしたのがグリホサートに抵抗性を示す遺伝子組換え作物です。遺伝子組換え作物を不耕起栽培して、なおかつ雑草をグリホサートで枯らせば、雑草問題も土壌流亡も解決できます。これが環境保全型農業と呼ばれるものです。

環境保全型農業は急速に普及するようになりましたが、しばらくしてグリホサートで枯れない雑草が各地で報告されるようになりました。調査したところ、その雑草の中にグリホサート抵抗性作物と同じ機構が見つかったのです。グリホサートを不活性化させるために作物に導入した遺伝子が雑草に移って、その雑草が抵抗性を獲得していたのです。これが遺伝子流動と呼ばれる現象で、作物と雑草が近縁であるがゆえに起こったものと考えられます。遺伝子組換え作物は人為的に受容部位を変化させた植物であり、その遺伝子が雑草に移るわけですから、除草剤抵抗性が発現してもまったく不思議ではありません。作物の祖先が雑草であったことを考えてみれば、遺伝子組換え技術が遠からず破綻するのも当然のことと頷けます。

幸か不幸か日本では、遺伝子組換え作物と不耕起栽培が普及する可能性はほとんどありません。それは何故でしょうか。元をたどれば日本の国土の狭さに行き着きます。日本では、たとえ新潟平野のような稲作地帯であっても、コメだけでなくエダマメも栽培されており、いろんな作物が同じ地域で栽培されているのが普通です。それに引き換え、米国ではダイズ、トウモロコシ、コムギ、ワタがそれぞれ別々の地域で大規模に栽培されています。例えば米国のダイズとトウモロコシの栽培面積はそれぞれ三四〇〇万ヘクタールと三七〇〇万ヘクタールであり、日本の国土面積が三七八〇万ヘクタールであることを考えると、その広大さが良く理解できます。そして日本の平均経営面積が二・二ヘクタールであるの対して米国、EUおよび豪州の平均経営面積は一八〇ヘクタール、一七ヘクタールおよび三〇〇〇ヘクタールです。

同じ種類の遺伝子組換え作物を大規模に栽培し、畑の上から飛行機で除草剤を撒けば、組換え作物以外の全ての雑草を防除することができますし、たとえ除草剤が圃場の外に揮散しても、同じ作物しか植わってませんから他の作物に対する薬害の心配も要りません。しかし、畑が小さく、なおかつ同じ地域に多品目が栽培されている日本では、遺伝子組換え作物だけに除草剤を散布することは技術的に困難ですし、近接する畑で栽培されている他の作物への薬害も問題になります。このことから遺伝子組換え作物は経営規模の大きな米国やオーストラリアなどに合致した効率性を重視した栽培方法であり、日本で普及しないことがお分かりいただけたのではないでしょうか。

不耕起栽培技術も日本の実態に全く即していません。前述したようにトウモロコシの後作にダイズを栽培する場合、春に畑の表面を覆っているトウモロコシの残渣を切りながら細い溝を掘って、そこにダイズ種子を播種しなければなりません。この一連の操作が不耕起播種機（No till planter）と呼ばれる機械で行われます。トウモロコシの残渣には太い茎が含まれており、大型のディスクと呼ばれる鉄製の円板でなければ切断できません。したがって不耕起播種機は重くなり、その播種機を牽引するトラクターも大型になります。つまり、不耕起栽培には大型機械が必要になりますが、日本の畑のサイズが小さいために、大型の播種機やトラクターを効率良く稼働させることができません。さらに大型機械は高価な上に、土壌を固結させて畑の排水性を低下させます。不耕起栽培には、メリットよりもむしろデメリットの方が多いくらいです。にもかかわらず、米国やオーストラリアでは不耕起栽培が広範に普及しています。これは裏を返せばそれだけ土壌流亡が深刻だったということになります。環境保全型農業は最新の技術のように思われますが、米国では、太平洋戦争が始まった一九四〇年代からすでに研究が行われていました。さすが世界一の農業国だけのことはありますが、この最新の農業技術が綻びかけています。そしてこの原因を辿ればやはり雑草に行き着きます。雑草対策が洋の東西を問わず、農業の根幹であるということがお分かり頂けたのではないでしょうか。

2. 雑草の制御方法

雑草と人の暮らしとの関係を理解するだけでは、雑草によって引き起こされるさまざまな害をただ傍観しているに過ぎません。雑草が一定の限度を超えて繁茂した場合には、適切な方法によって雑草を制御する必要があります。ここでは敢えて防除ではなく制御という言葉を使いましたが、これには理由があります。防除というと除草剤で雑草を枯らすことを連想する方が多いかも知れませんが、写真11に示すように、緑を保ったまま雑草の草丈を低く抑える生育抑制剤という資材もあることから、雑草の成長をコントロールするという意味を込めて制御としました。

一方、雑草は農村だけでなく都市でも問題になっており、人の生活様式や雑草の生き方もまた農村と都市で異なります。このことは雑草の適切な制御方法とは、

対照　0.1g/㎡　0.3g/㎡

生育抑制剤（パクロブトラゾール）

写真11．メヒシバに対する生育抑制剤の抑制効果
（小笠原）

コスト、労力、環境などを含めて、状況に応じて複数の方法を組み合わせることを意味しています。以下に、さまざまな雑草の制御方法について説明します。

雑草の制御方法は生物的、耕種的、機械的、物理的および化学的な方法に分けられます。生物的な方法は無農薬栽培や有機栽培として注目されており、その一つが写真12に示す米糠《こめぬか》除草です。米糠を水田に施用すると微生物が増殖して呼吸量が増え、その結果、水中の酸素濃度が低下して、雑草の生育が抑制されます。米糠そのものは生物的とはいえませんが、間接的に微生物を利用していることから生物的な制御の範疇に含まれるといえます。これが米糠除草の原理です。ただし、この方法は全ての水田雑草に有効ではありません。生育に酸素を必要とする好気性のイヌビエには高い効果を示しますが、生育にあまり酸素を必要としないコナギやアゼナなどの茎葉を水面に出す抽水生《ちゅうすいせい》の雑草や、植物体全体が水中にある沈水生《ちんすいせい》の雑草には効果が劣ります。また、同じヒエ類でも嫌気的呼吸をするタイヌビエには効きませんし、米糠が河川に流れ込んで富栄養化を引き起こすという問題もあります。一〇アール当たりコメの収量を籾《もみ》換算で五〇〇キログラムとすると、米糠の量は籾のおよそ2割ですから一〇〇キログラムになります。一方、米糠除草では一〇アール当たり一五〇キログラム～二〇〇キログラの米糠が必要ですから、米糠除草は当該の水田から得られる米糠だけでは賄いきれずに、不足分をよその水田から得られた米糠で補わなければならないことになります。その結果、地域全体で米糠除草を始めようとしても、米糠の供給量が需要に追いつかず、米糠除草が特定の農家だけに限定されることになります。

マガモとアヒルの交配種のアイガモ（合鴨）を用いた除草も無農薬の雑草制御技術として注目されています。その除草の原理はアイガモが雑草を餌として食べることと、水田を泳ぎまわることにより雑草の根の活着を抑えることにあります。また、アイガモ除草には、アイガモがイネの株間を歩き回ることにより、イネに付着した朝露が払われてイモチ病などの病害が減少

写真12. 米糠除草
（小笠原）

するという副次効果もあります。しかし、米糠除草と同様に効かない雑草があります。コナギの英名がduck saladというだけあって、アイガモはコナギを好んで食べますが、イヌビエやオモダカは植物体が硬いためか敬遠されるようです。さらに、野犬、イタチ、キツネなどからアイガモを守るために電気柵や配電設備などの余計な投資が必要になります。その上、雑草が電線に触れてショートしないように電気柵の周囲をこまめに除草しなければなりません。この他にも、水田内にアイガモの溜まり場の裸地ができてしまうことや、アイガモの糞尿によって河川環境が悪化すること、さらには食肉用に加工・販売するために余計な手間がかかることなど、アイガモ除草は見た目とは裏腹にかなりの労力とコストを要する雑草管理手法といえます。

次はコイによる雑草制御です。コイは戦前まで農村の貴重なタンパク源として水田で養殖されており、養鯉の盛んな長野県佐久地方には、今でもわずかながら養魚水田が残されています。コイの食性は成長とともに変化し、稚コイは雑食性ですが成魚は草食性で雑草も食べます。コイによる除草の原理は採食と泳ぎ回ることによって泥が舞い上がり、その泥が雑草を覆って生育を抑えることにあります。一方、コイによる雑草制御にもいくつかの問題があります。サギ類による捕食と水田を常時、湛水状態に維持しておかなければならないことです。サギ類による被害は生育の進んだ幼魚を放流することにより解決できますが、そのためには水深をコイの体高よりも深くするために畦畔をかさ上げする必要があります。ところがコシヒカリ栽培では、イネミズゾウムシの防除やイネの根に酸素を供給する目的で水田を乾かす間断湛水《かんだんたんすい》や中干《なかぼ》しという操作が行われることから、常時湛水ができなくなり、この意味においてもコイによる除草は今や完全に時代遅れの技術になってしまったといえます。

写真13に示すスクミリンゴガイ（ジャンボタニシ）は一九八〇年代に食用として海外から導入された南アメリカ原産の巻貝です。この貝は雑草を食べることから地域によっては稲守貝とも呼ばれていましたが、水管理が雑になると除草効果よりもイネに対する食害が大きくなり、今では西南暖地において大きな問題になっています。

これらの方法の他にも、写真14に示すコガタルリハムシという甲虫やザントモナス・キャンペストリスというバクテリアを用いて雑草を制御する方法、さらにはヤギやウシなどの家畜で除草する方法があります。しかし、コガタルリハムシはギシギシやエ

写真13. スクミリンゴガイ（ジャンボタニシ）と稲に産み付けられた卵（小笠原）

写真14. エゾノギシギシ（*Rumex obtusifolius* L.）を食べるコガタルリハムシ（小笠原）

ゾノギシギシなどのギシギシ類しか食べませんし、ザントモナス・キャンペストリスもイネ科イチゴツナギ属のスズメノカタビラにしか効きません。特定の雑草にしか効かないことは場合によっては重宝されることもありますが、多種類の雑草が生えている場所には不向きな方法です。

ヤギは戦後の食糧難の時代に農山村で普通に飼われていた家畜で、一九五〇年代には全国で七〇万頭弱が飼育されていました。ウシよりも粗食に耐えてササ、クズ、イタドリから有棘植物のハリエニシダやニセアカシアまで選り好みをせず何でも食べます。その上、高所を怖がらないことから急峻な地形に適しており、しかも小型で軽量なため土壌を崩壊させない利点もあります。また、ヤギ乳は牛乳よりも成分的にヒトの母乳に近く、牛乳にアレルギーを示す人も飲むことができ、ヤギ乳から作られるチーズはシェーブルチーズ（Goat milk cheese）として有名です。ウシについても、京都府や山口県などでウシの貸出制度（レンタカウ制度）が実際に運用されています。ウシやヤギを用いた除草では、餌の不足する冬期間の飼養が問題になりますが、乳の利用などを考慮すれば過疎地に合った雑草制御方法かも知れません。以上のように、生物防除は生態系に配慮した手法のように思われがちですが、場合によっては米糠除草やアイガモ除草のように河川の富栄養化を助長する危険性があることから、導入に先立って環境への影響について十分に理解しておく必要があります。

次に耕種的《こうしゅてき》な雑草の制御方法について説明します。耕種的な雑草管理とは、作物の作付方法、栽植密度、畝幅《うねはば》、畝間《うねま》、湛水深などの作物の栽培方法を変えることによって、雑草の生育を制御することです。日本には約六〇〇〇種の高等植物が生育していますが、水田にはわずか二〇〇種ほどの植物（雑草）しか生育していません。差し引き五七五〇種もの植物が水田に生育できないことになります。なぜ、水田に生える雑草の種類が限られているのでしょうか。その原因の一つにイネの根から出されるアレロパシーと呼ばれる他の植物の成長を阻害する（促進する場合もあります）多感作用物質が挙げられます。また、毎年のように散布される除草剤も水田に生育できる植物を制限している原因です。しかし、最大の原因は毎年、春に土壌が徹底的に撹拌されることと、その後、四ヶ月間あまりにわたって常に水が湛えられていることに他なりません。この田植え前に行われる代かきと湛水が移植水田の代表的な耕種的な雑草管理といえます。

田畑転換も耕種的な制御方法の一つです。田畑転換とは、隔年あるいは数年毎に水田と畑を交互に変えることで、用排水設備と暗渠排水設備が完備された圃場は水田にも畑にもなり、同一の圃場でコメもダイズも作れます。まさに農地の高度利用を目的とした基盤整備事業の賜物といえます。水田から畑に転換することにより、土壌水分が低下してタイヌビエやコナギなどの一年生の湿生雑草やクログワイやミズガヤツリなどの多年生雑草が衰退します。逆に、畑から水田に転換することにより、土壌水分が上昇し、メヒシバやスベリヒユなどの乾生雑草が衰退します。一〇世紀から一八世紀頃までヨーロッパで行われていた農法に三圃式農業というものがあります。圃場をマメ類、エンバク、オオムギなどを栽培する夏畑、コムギやライムギなどを栽培する冬畑および何も栽培せず休ませておく休閑地《きゅうかんち》の三種類の畑に分けて、これをローテーションさせるものです。夏畑、冬畑および休閑地には、それぞれ特定の雑草が繁茂しますが、農地の利用様式を変えると優占雑草も変わり特定の雑草が増えることはありません。なぜなら、作物の種類が変われば耕耘時期（土壌撹乱）、肥培管理（肥沃度）、作物による被圧（群落内の照度）、作物から出される他感作用物質などが変わり、その結果、発生する雑草の種類が変わるからです。つまり、田畑転換と同じ仕組みで雑草が制御されるわけです。三圃式農業には、地力維持という役割もありますが、雑草防除を考えて作られた農法といえます。

次に機械による制御方法です。トラクターによる耕耘方法には、ロータリー耕、チゼル耕、プラウ耕があります。ロータリー耕は高速回転する刃で土壌を細かく破砕する撹拌耕とも呼ばれ、作物を播種する前に畑全面で行われる他にも、作物が生育している畝と畝の間の中耕除草にも使われます。雑草はロータリー耕で一時的に無くなりますが、土壌が撹乱されるために、むしろ埋土種子の出芽が促進されることもあります。また、地下茎や根茎などの栄養繁殖器官がロータリー耕で断片化されることにより、多年生雑草が増殖することもあります。チゼル耕とは、土壌の排水性を改善するために先端が鏨《たがね》状の爪で土壌を引っ掻いて溝をつける耕耘方法で、重粘土質土壌を除きあまり一般的ではありません。プラウ耕は反転耕《はんてんこう》とも呼ばれ、撥土板と呼ばれるスプーン状の鉄製の板で土壌を天地返しする耕耘方法です。稲刈りが終わった晩秋に、プラウ耕を水田にかけることにより、土壌深くに形成されたクログワイの塊茎が土壌表面に持ち上げられ、その後の冬の寒さと乾燥に当たって枯死します。プラウによる秋耕は除草剤でも枯れない多年生雑草の防除に有効ですが、大型のプラウは数トンにもなりトラクターへの脱着作業が面倒なために、今ではほとんど使われなくなっています。

機械除草の中で最も広く使われているのが農道、水路際、畦畔、法面などで行われている刈り払い機による除草です。地下に繁殖器官を有する多年生雑草は刈り取っても再生しますが、逆に刈り払い機は雑草を完全に枯殺させないことから法面の雑草管理に向いている方法かも知れません。高速回転する刃がむき出しになって非常に危険なことや高齢者や女性には重すぎるなどの課題があります。ちなみに消費者庁の報告によれば、二〇〇九年から二〇一七年の九年間において一四〇件もの刈り払い機による事故が報告されています。

物理的な制御方法もあります。植物は太陽エネルギーを化学エネルギーに変換し、そのエネルギーが各種の生命維持活動に使われていることから、太陽光が遮断されると植物は枯死します。この遮光による除草がマルチと呼ばれる方法です。かつては稲藁がマルチ材料として一般的に使われていましたが、近年は稲藁を現場で細断、処分するコンバインが普及したために入手しづらくなり、その代替として不織布で作られた防草シートが使われるようになっています。防草シートは主に道路で使われていますが、紫外線による劣化や継ぎ目から発生する雑草が問題になっています。

最後に化学的な雑草の制御方法です。化学除草の主流は有機合成化合物の除草剤で、現在、水田や畑などの農耕地やゴルフ場などの芝地で広く用いられています。除草剤は殺菌殺虫剤と同じように農薬に含まれますが、これらの資材には本質的に異なる点が幾つかあります。殺菌剤はウイルス、バクテリア、糸状菌などの微生物を防除するもの、殺虫剤は害虫を防除するもの、除草剤は雑草（植物）を防除するものといった防除対象の違いではありません。一つは選択性という概念です。除草剤には作物の成長を阻害せずに雑草だけを枯らす能力（選択性）が求められます。除草剤の中には、ケンタッキーブルーグラス（牧草）の成長を阻害せずにスズメノカタビラ（雑草）を枯らすものさえあります。どちらも植物でしかも科（イネ科）も属（イチゴツナギ属）も同じです。したがって生態や形態の似通った雑草と作物の間に高い選択性を有する除草剤を開発するために、さまざまな工夫が必要になります。一方、殺虫剤と殺菌剤にも作物と害虫および作物と微生物との間に選択性が求められますが、そもそも植物と昆虫や微生物では基本的な生活様式が全く異なることから、選択性をあまり考える必要がありません。

水溶解度も除草剤と殺虫殺菌剤で大きく異なる点です。植物は栄養分を水に溶けた形で根から吸収することから、除草剤も水に溶けないと植物に吸収されず効きません。一方、昆虫の体表面はワックスで覆われており、糸状菌の菌糸も撥水性に富んでいることから、殺菌剤と殺虫剤は高い効果を発揮するために、どちらかといえば水よりも油に溶けなければなりません。後ほど、農薬の安全性のところで説明しますが、実はこの水溶解度や脂溶性が生態系における農薬の挙動に密接に関わっており、水に溶けやすい（親水性）ということも除草剤の特徴の一つに挙げられます。

また、除草剤と殺菌・殺虫剤では起源も異なります。硫黄は紀元前一〇〇〇年頃から燻蒸剤や殺菌剤として使われていました。石灰硫黄合剤、硫酸銅、水銀も一九世紀初頭から果樹類のうどん粉病、ジャガイモ疫病、種子殺菌用として農業場面で広く使われていました。硫酸銅と石灰の混合剤のボルドー液は一八八二年にフランスでブドウのうどん粉病用に作られた殺菌剤ですが、現在でもキュウリベト病やイネイモチ病などに使われています。このように、殺菌剤はもともと鉱物（無機物）でした。

殺虫剤はどうでしょうか。ナス科のタバコ、キク科の除虫菊、マメ科のデリスには、それぞれ殺虫成分のニコチン、ピレスロイド、ロテノンが含まれており、これらの植物は古くから殺虫剤として利用されていました。植物の中には動物の食害から身を守るための自己防御物質を生産するものがあり、人がこれを殺虫剤として利用していました。つまり殺虫剤の起源は植物ということになります。

ところが除草剤には起源などというものがありません。塩が除草資材として検討されたことがあったようですが、高価であったことと土壌を劣化させることから普及しませんでした。農耕が始まったとされる一万年前からつい最近まで、家畜による除草か人力による手取り除草だけに頼っていたといえます。有機合成除草剤が開発されたのはわずか七〇年ほど前のことです。一九四四年に2,4-Dが開発されるまで、もっぱらテデトール（手で取るのダジャレです）で対応していました。この点も除草剤と殺菌殺虫剤の大きな違いといえます。

ちなみに虫を殺すから殺虫剤、菌を殺すから殺菌剤ですが、なぜ草を殺すのに殺草剤としなかったのでしょうか。真意のほどは定かでありませんが、すでに野ネズミを殺すための殺鼠《さっそ》剤という農薬の区分があり、殺鼠剤と殺草剤は音の響きが似て混同しやすいことから、両者をはっきり区別するために殺草剤ではなく除草剤と名付けられたという説があります。

一方、農薬には病害虫や雑草に効果を示すだけでなく、その効果が広大な農地で均一にしかも持続的に効くことが求められます。私たちが粉末やカプセル状の風邪薬を飲むように、農薬にもさまざまな製剤型があります。最近、開発された除草剤の中には一〇アール（一〇〇〇平方メートル）当たりの有効成分量が数グラムと非常に高活性なものがあり、少量の有効成分を広い圃場全体に均一に散布する必要があり、これを可能にしているのが散布技術と製剤技術です。

除草剤は有効成分の物理化学的特性や除草効果などを考慮して、粒状の粒剤、粉末状の水和剤、液体状の乳剤やフロアブル剤と呼ばれる剤型に製剤されます。また、有効成分だけが散布されることは稀で、ほとんどの製剤には増量剤や界面活性剤などが添加されています。農薬を散布した後に植物の葉が白くなることがありますが、これは農薬の有効成分ではなく、増量剤として加えたベントナイトやタルクなどの粘土鉱物が葉の表面に残ったものです。水田用除草剤を例にとると、一九五〇年代から一九八〇年代には、粒剤が主流で、一〇アール当たりの散布量（有効成分ではなく製品として）は三キログラムでした。水田における粒剤散布はぬかるんだ田んぼの中を歩きまわらなければならず大変な重労働したが、現在は水田の中に入らず畦畔から簡単に散布できるフロアブル剤と呼ばれる液状の製剤やパック状の製剤が主流となっており、散布量も五〇〇グラムほどに低減されました。

次は植物成長調整剤（PGRs: Plant Growth Regulators）です。リンゴやミカンなどの果樹栽培では、かつては摘果あるいは摘花と呼ばれる間引きが人の手で行われていましたが、今は植物成長調整剤に代替されるようになりました。果樹の摘果や摘花の他にも、植物成長調整剤はトマト栽培において果実の着果促進、肥大成長、熟期促進などに使われており、今や施設園芸ではなくてはならない農業資材の一つになっています。そして誰もが知っている種無しブドウは植物ホルモンのジベレリンによって誘導された単為結果によるものです。ジベレリンは台湾農事試験場の黒沢栄一技師によって一九二六年にイネ馬鹿苗病の原因毒素として世界で初めて発見され、その後、東京帝国大学の藪田貞治郎、住木諭介の両博士によって単離同定された植物ホルモンです。ジベレリンを積極的に活用した技術が種無しブドウですが、ジベレリンの作用を逆に利用した資材もあります。ジベレリンが植物体内で合成されなくなるか合成されても分解されてしまえば、植物の伸長成長は停止してしまいます。このような作用を示す植物成長調整剤を生育抑制剤と呼んでいます。

　秋は作物の収穫期であるとともに台風シーズンです。イネは台風に遭遇すると倒れてしまい、大きな損害を受けることから、台風が来る前に散布してイネの草丈を低くする薬剤が作られました。これが倒伏軽減剤と呼ばれるもので、現在は水稲以外にも芝生や法面畦畔において草刈り軽減剤として利用されています。

　以上のように、生物的な方法から化学的な方法まで雑草の制御方法を説明しましたが、それぞれの手法にはコストや効果の点でメリットだけでなくデメリットがあることから、状況に応じて複数の手法を組み合わせることが重要になります。例えば米糠除草はイヌビエに効きますがコナギにはあまり効きません。ということは除草剤を併用するならばコナギ用の除草剤で十分であり、イヌビエ用の除草剤は不要ということになります。これが雑草の総合管理（IWM: Integrated Weed Management）と呼ばれる技術ですが実際にはあまり普及していません。

それはなぜでしょうか。原因はいろいろありますが、第一に明確な防除目標を立てられないことが挙げられます。前述したように雑草には悪いところだけでなく利用すべきところもありますが、雑草の有用性が分かっていないために残すべき雑草を防除したり、あるいはその逆に防除すべき雑草が残ってしまう場合もあります。総合防除を始めようにも、そもそも防除の対象がはっきりしていないのですから普及するはずがありません。雑草の管理方法が非常に複雑なことも原因の一つと考えられます。現在、日本では除草剤だけでも二〇〇種類近くが登録されており、その上、薬量、散布時期、対象雑草、対象作物が薬剤によって異なることを考慮すると、除草剤を上手に使いこなすためには相当の知識や経験が必要になります。さらに、雑草学や農薬学の専門家が少なく、技術者を養成する大学などの高等教育機関が限られているのも大きな原因かも知れません。結局、雑草と雑草制御に関する正しい情報が不足しているために、除草剤を否定した有機栽培を目指すのか、それとも除草剤に過度に依存して挙げ句に抵抗性雑草を出してしまうのか、そのどちらかではないかと考えられます。

そして一戸当たりの耕地面積です。これが実は総合防除が普及しない最大の原因かも知れません。耕地面積が広ければ、成否は別として米国で広く普及している遺伝子組換え作物のように効率を重視した制御技術を指向せざるを得ませんが、面積の狭い日本では、刈り払い機か除草剤で十分です。雑草が耕耘方法や田畑転換を組み合わせることによって減ることは分かっていても、そのために余分な作業が増え、兼業農家ではその作業に充てるための労力も時間もありません。結局、手っ取り早く除草剤に頼ってしまうということになります。これが総合管理の普及しない原因といえます。

3. 農薬について

人の暮らしが雑草の繁茂によって悪化しないようにするためには、雑草の発生量を一定の水準以下に制御する必要があります。一方、前述したように、雑草の制御方法には、除草剤を始めさまざまな方法があり、環境に優しいと考えられていた生物的な雑草の制御方法にも多くの課題が残されていることが分かりました。このことは最適な雑草の制御方法とは何かを考え直さなければならないことを示しています。除草剤は本当に自然環境を破壊し、百害あって一利もないものなのでしょうか。少子高齢化が加速している現在、人力に替わる雑草制御技術が不可欠です。ここでは、除草剤を含めた農薬が作物栽培になぜ使われているのか、農薬の社会貢献、農薬の毒性とは何かなど農薬の基礎について説明します。

（1）作物栽培に農薬が必要な訳

農薬は病害虫や雑草から作物を保護するためのものですが、そもそもなぜ、病害虫や雑草から作物を守らなければならないのでしょうか。それは作物が人為的な保護なしには生きていけない弱い植物だからです。まず作物の弱さについて考えてみましょう。作物の定義には、「馴致せられた植物（Darwin: 一八六七年）」や「人と共生的な関係にある植物（森永：一九五一年）」などがあります。しかし、第一章で述べたように、作物の祖先が雑草や野草であることを考慮すれば、「食用に資する形質を最大化させた雑草由来の植物」と定義することもできます。

植物は図6に示すように紫外線、乾燥、低温、動物、隣接する他の植物、昆虫、微生物などから受けるストレスに対してさまざまな防御機構を発達させています。ビタミン類は紫外線によって生成された活性酸素を無毒化し、リグニンはリスなどの貯食動物による果実の摂食に一時的なブレーキをかけます。また、水の蒸散や乾燥を防ぐために、葉の表面はワックスで覆われています。さらに、植物は病原菌に感染すると、

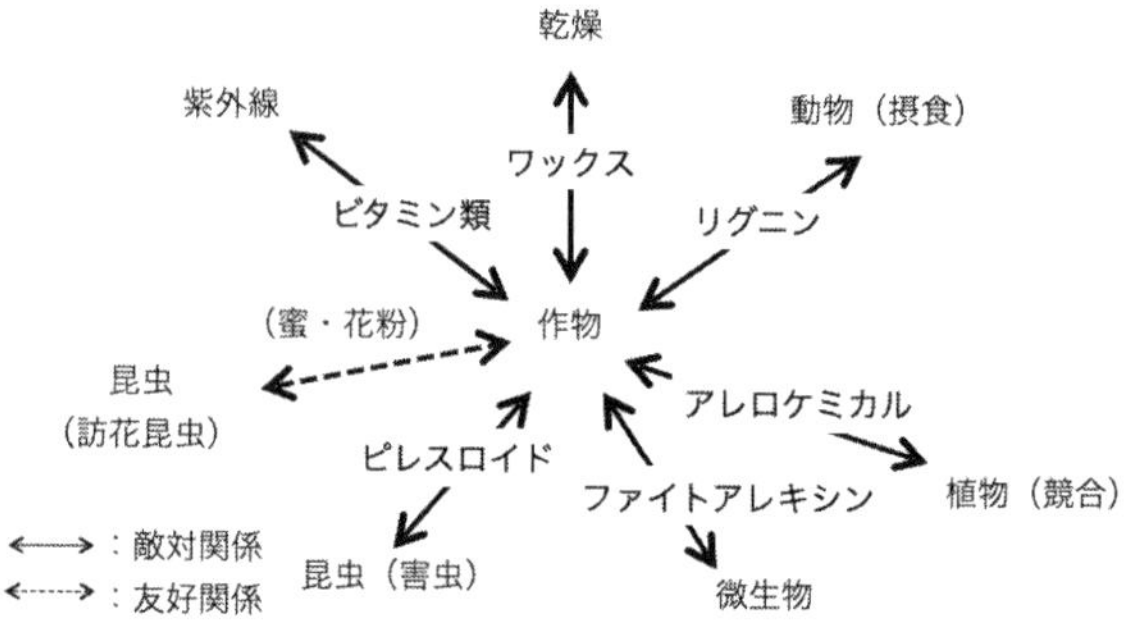

図6. 作物を取り巻くさまざまなストレスと作物のストレス回避策
（小笠原）

ファイトアレキシンと呼ばれるクマリンやフラボノイドなどのポリフェノール類を体内で生合成して微生物から自身を守ろうとします。これらのビタミン類、リグニン、ワックス、ファイトアレキシンなどは自己防御物質と呼ばれており、「エグ味」の元になっています。

「エグ味」が強すぎて食用に向いていないのが雑草（野生種）であり、育種改良によって雑草から「エグ味」を取り除いたのが作物と言い換えることもできます。植物工場で作られた野菜が露地栽培の野菜より食べやすいのは、紫外線がカットされた環境で作られていることから、ビタミン含量が低くエグ味が少ないためと考えられます。野菜を食べる目的はビタミン摂取であり、これでは野菜を食べる意味がなくなってしまいます。食味とストレス耐性は trade-off の関係にあり、一方が良くなれば他方はダメになり、両方が良くなることはありません。病害虫抵抗性や耐冷性の作物を育種することはできますが、美味しさを兼ね備えた作物となると、かなりハードルは上がります。雑草から自己防御物質を作る能力を除去したのが作物ですので、作物は自然条件下で生きて行くことはできません。だから作物を守るために人為的な保護が必要になるのです。そして保護のための資材の一つが農薬だということです。

（2）社会貢献

殺虫剤はヨトウムシやコガネムシなどの農業害虫だけでなく、マダニやフィラリアなどの家畜害虫、スズメバチやヒアリなどの衛生害虫さらにはシロアリなどの木材害虫の駆除に使われています。また、麹菌の仲間のアスペルギルス・フラバスという菌は猛毒のアフラトキシンというカビ毒を産生し、コムギ赤サビ病菌もデオキシニバレノールという毒素を産生することから、殺菌剤はカビ毒の環境汚染を防ぐための不可欠な資材といえます。さらに病害虫に侵された作物はさまざまな防御物質を産生し、その中にアレルギー源になるタンパク質が含まれていることもあります。前述した「エグ味」は植物にとっては自己防御物質になりますが、人間にとって毒になるものもあることから、殺菌殺虫剤が植物に起因する中毒事故を防いでいることになります。

社会に果たす農薬の役割はこれだけではありません。日本は今や世界有数の経済大国になりましたが、戦後の混乱から立ち直った最大の原動力が農薬であったことはほとんど知られていません。一九五〇年代から一九七〇年代にかけて、地方出身の中学校卒業者が「金の卵」と社会からもてはやされ、自動車産業をはじめとする各種の製造業や建設業などの第二次産業の労働力として高度経済成長を牽引しました。もともと日本では、農業は家族経営であり、その労働力は家庭内で解決する他に術はなく、家督を継ぐ長男以外の次男三男も一家の貴重な労働力でした。一九五〇年代には水田の草取りに一〇アール当たり五〇時間を費やしていたことから、当時の平均的な水田耕作面積を一ヘクタールとすると総除草時間は五〇〇時間にもなります。午前と午後にそれぞれ二時間半ずつ草取りをしたとすると、一ヘクタールの水田を全て除草するためには一日の休みもなく一人で一〇〇日、二人で五〇日を要する計算になります。もしかしたら、草取りが一通り終わった後に、雑草が再び生えてきて草取りをやり直していたかも知れません。稲作では、田植えから収穫までにおおよそ一三〇日かかることから、昔は水稲の全作付け期間を通して草取りが行われていたと考えられます。

写真15は一九五〇年代の水田における作業風景です。蒸し暑い水田の中での腰を曲げた草取り作業は本当に大変だったに違いありません。この草取り時間が除草剤の登

場により大幅に減少し、二〇〇〇年代には、一〇アール当たりの除草時間がわずか二時間弱まで低減しました。除草剤は農家にとって救世主でした。もちろん耕耘機や田植え機などの農業機械も農業生産性に大きく寄与しましたが、除草剤による労力軽減が最も大きかったと思われます。

かつて農業はきつい、汚い、危険の３Ｋ産業と呼ばれていましたが、労働環境は農薬の普及に伴い大きく改善されるようになりました。つまり農薬は農村の労働環境の改善と労働力の余剰をもたらし、その結果、日本の工業化が加速されたということです。飢えることなく平和な暮らしができているのも長寿大国になったのも、農薬のお陰かも知れません。日本では、戦後、都市化が急速に進んだ反面、農村では過疎化と高齢化が進みましたが、この大きな社会変貌の陰にも雑草が見え隠れしています。

写真15. 1950年代の移植水稲作における作業風景（近内）

（3）農薬の安全性について

農薬は農業生産や農家の労働環境の改善に大きく寄与したことは疑いようのない事実ですが、人畜や生態系に対する農薬の安全性については、多くの人たちが依然として疑念を持っているように思われます。私たちは日常的に医薬品という薬を利用しています。ここでは、農薬と医薬の違いを比較しながら、農薬の安全性について考えてみたいと思います。

（農薬と医薬の違い）

毒性の定義を調べてみると、意外にこれはというものはありません。なぜなら、世の中には毒でないものなどは一つもなく、毒性は用量依存的なものであり、空気も水も全てが量によって毒になるかならないかが決まるからです。医者であり錬金術師であったパラケルスス（Paracelsus：一四九三年～一五四一年）も、「全ての物質には毒性がある。毒性のないものはない。量が毒か薬を区別する。」と述べてます。例えば、ミズバショウの全草には、皮膚炎、嘔吐、下痢などを引き起こすシュウ酸カルシウムが含まれています。クマは冬眠明けの早春にミズバショウを食べますが、この食餌行動はエネルギーを得るというよりも、冬眠中に体内に溜まった老廃物を排出させるためではないかと考えられています。ミズバショウは一方的に損をしているわけではなく、種子がクマの排泄に伴い広く散布されることから、アリ散布植物の場合と同様に、クマとミズバショウも相利共生の関係にあるといえます。

薬といえば医薬ですが農薬と医薬の本質的な違いとは何でしょうか。対象が人か作物かではありません。インシュリンは糖尿病患者には無くてはならないものですが、健康な人にとっては毒になります。風邪薬も胃腸薬も病気に罹った人だけに投与され、それ以外の人は作用しません。家庭でゴキブリ用の殺虫剤を散布した場合も同じことがいえます。殺虫剤の影響を受けるのは殺虫剤を撒いた部屋に住んでいるゴキブリと人間、もしくは犬や猫などのペットだけになります。バナナやオレンジを外国から輸入する際に、防虫防カビ剤が船倉内に散布されますが、これも限定された場所での使用になります。

一方、水田や畑に散布される農薬では、作物、雑草、病害虫以外にも、用水路に生息しているドジョウやフナ、それらを捕食しているサギやタヌキ、さらには田んぼで草刈りをしている農家の人たち、農道を散歩している犬、登下校の小学生を始め、土壌、空気、水など生態系のありとあらゆるものが農薬に被曝する可能性があります。つまり、農薬と医薬の本質的な違いとは、医薬品は閉鎖系で使われるのに対して農薬は開放系で使われるものであり、影響を及ぼす範囲が異なるということです。このことから医薬の登録には、作物や土壌中での挙動に関するデータは不要ですが、農薬には発がん性や急性毒性はもちろんのこと、土壌や作物中での残留性、魚毒性、有用生物（蜜蜂）に対する安全性など環境に関連するさまざまなチェック項目が設けられており、全ての項目がクリアされない限り登録されないことになっています。

このことは、有効成分が同じであっても、使用場面によって登録基準が異なることを意味しています。アブラムシ・ウンカなどの農業害虫を対象とした殺虫は農薬取締法に準拠した農薬ですが、ハエ・蚊・ゴキブリなどの衛生害虫を対象とした殺虫剤は農薬ではなく、薬事法に準拠した防除用医薬部外品になります。同様に、マダニ・ノミなどの動物外部寄生虫を対象とした殺虫剤も農薬ではなく、薬事法に準拠した動物用医薬部外品になり、アリ・ハチ・ムカデ・シロアリなどの生活害虫・木材害虫を対象とした殺虫剤は化審法（化学物質の審査及び製造等の規則に関する法律）に準拠した化学薬品になります。また、コクゾウムシなどの貯穀害虫を対象に貯蔵庫内に散布される殺虫剤も農薬ではなく、食品衛生法に準拠したポストハーベストになります。

（農薬と生物濃縮）

農薬が具備すべき最も重要な性質は生態系に負荷をかけないことであり、有効成分の毒性の強さよりも開放系における動態や消長が重要になります。具体的には、有効成分が土壌に残留せず、食物連鎖とともに生態系において濃縮しないことです。レイチェル・カーソン（Rachel Carson：一九〇七～一九六四年）の「沈黙の春（Silent Spring）」という著書の中で、ＤＤＴが環境中で生物濃縮し鳥類に重大な影響を与えることが述べられています。害虫防除のために森林に散布されたＤＤＴが河川に落ちて、水中濃度が〇・〇〇〇〇五ピーピーエムになり、さらに水中の動物性プランクトンで〇・〇四ピーピーエム、そのプランクトンを餌にする甲殻類で〇・一〜一ピーピーエム、その甲殻類を餌にする魚類で数ピーピーエム、最終的に鳥類で七五・五ピーピーエムになり、ＤＤＴは環境中で初期濃度の一〇〇万倍に濃縮するというものです。日本では、ＤＤＴは生物濃縮の問題により一九七一年から販売禁止になっていますが、世界で累計一億人以上もの人の命を救ったマラリアの特効薬であることから、世界保健機関（WHO）は今でも屋内に限定してＤＤＴの使用を特例的に認めています。

　水溶性の物質は尿とともに体外に排出されますが、脂溶性の物質は生物の脂肪組織に蓄えられやすいだけでなく、土壌中においても有機物に吸着されて安定的に存在し、食物連鎖によって生物体内で濃縮されます。オクタノール／水分配係数（log Pow）は物質の水溶性あるいは脂溶性を示す値で、ＤＤＴ、ＰＣＢ、ダイオキシン（ＴＣＤＤ）のlog Powは約六で、これらの化学物質は水よりもオクタノールに10^6倍溶けることを意味しています

　一方、天然物だから安全だと良くいわれますが、これも一概にはそうとはいえません。もし、ウンカを防除する目的で牛乳を水田に撒けば牛乳は農薬となり、登録に必要な

各種の試験をクリアしなければなりません。牛乳は人が飲んでいるものだから大丈夫だということではなく、生態系に広範囲に撒いたらどうなるかということです。牛乳に含まれる脂肪によって水質が悪化して、魚が死ぬことも十分に考えられます。炭を作るときに煙を還流して得られる木酢液というものがあります。有機酸やフェノール類が含まれており、整腸作用だけでなく殺菌、殺虫、除草作用を示しますが、製法によってはタール、ベンツピレン、ホルムアルデヒドなどの発がん物質が含まれることから、到底、農薬にはなれません。水田や畑などの開放系で用いる場合に重要なのは、天然物かどうか毒性が高いかどうかではなく、生物濃縮するかしないかということです。

（人が感じるリスクとは）

自動車は運転の仕方によっては危険な乗り物になりますが、人々はその便利さゆえに自動車を手放すことはできません。人がリスクと感じるのはどんなケースでしょうか。まず、不利益が不公平に分配されたと感じられる場合が挙げられます。ゴミの最終処分場や火葬場などがこれに該当します。これらの公共施設周辺に生活する住民はもっと遠いところに施設を移転させることを望みます。原子力発電所のように重大な被害が隠蔽されているのではないかと疑われる場合もリスクを感じます。また、受動喫煙のように子供や妊婦などの弱者への影響が大きい場合や飛行機のように空を飛ぶ仕組みが分からない場合もリスクと感じます。さらに大気汚染のように、個人的な予防行動で回避できない場合もリスクと感じます。一方、人間はとても利己的で、喫煙や飲酒は健康に悪いと分かっていながら自分が納得すれば許容されます。

さて、除草剤はどうでしょうか。多くの人がリスクと捉えているようですが、その理由は何でしょうか。恐らく雑草の枯れる仕組みが分からないことと、除草剤を使うことによって得られる利益が分からないためではないかと考えられます。除草剤の中には、植物に特有な光合成やアミノ酸の生合成を阻害して雑草を枯らすものがありますが、植物に詳しくない人はそもそも光合成やアミノ酸の生合成がよく分からないかも知れません。また、前述したように、腰を屈めたままの炎天下の草取りはとても過酷な労働であり、その草取りから解放してくれる除草剤は農家の人にとってはまさに天の恵みですが、草刈りと無縁な消費者にとっては直接的なメリットは何もなく不要なものに過ぎません。表10に示すように、日本の二〇一九年度における全就業人口に対する農業就業人口の割合はわずか二・四パーセントに過ぎません。つまり農業従事者は大人一〇〇人中わずか三人程度であり、このわずか三人が除草剤の恩恵に浴しており、残りの九七人は除草剤のベネフィットを享受していないということになります。

実際には、農薬はコメ、野菜、果物などの農作物の安定供給に大きく貢献しており、一般の人たちも農薬の恩恵を間接的に受けていることになるのですが、その実感がないのではないかと考えられます。農薬が社会からスケープゴートにされている原因は多くの人が除草剤のベネフィットを実感していないためかも知れません。

表10. わが国の農業就労人口

	1975年	2010年	2019年
農業就労人口	791万人	261万人	168万人
65歳以上の者の占める比率	21.0%	61.6%	70.2%
全就労人口に対する比率	10.4%	3.2%	2.4%

（農林水産省：農林統計）

（農薬の安全性）

毒性は摂取直後に症状が発現する急性毒性と長期間にわたって摂取した場合に発現する慢性毒性に分けられます。急性毒性は直接、農薬に暴露する危険性のある農家の人たちのために設けられた安全性の基準であり、慢性毒性は作物を介して超微量の農薬を連続的に摂取する可能性のある消費者のために設けられた基準です。

農薬の急性毒性は口（経口）、皮膚（経皮）、肺（吸入）から人体に取り込まれた場合の二四時間以内に発現する毒性で、五〇パーセントのヒトが死亡するのに要する体重一キログラム当たりの重さ（ミリグラム）や濃度（ミリグラム／リットル）で表され、強さによって毒物、劇物、それ以外のもの（普通物）に区分されます。劇物の農薬が散布された作物が危険だということを良く聞きますが、劇物はあくまでも急性毒性からみた毒性の区分です。仮に作物に農薬を撒いたとしても、散布直後に収穫されることはありませんし、除草剤は収穫の数ヶ月前に散布されることがほとんどです。繰り返しになりますが、急性毒性は農薬を直接、口や鼻から摂取した場合の急性的な毒性です。消費者が急性中毒に陥るのに必要な農薬を同一の作物から短時間に作物を経由して摂取することは一般常識的には起こりえないことであり、劇物が散布された作物が危険だというのは誤りです。ただし、農家の人たちにとっては危険ですから、急性毒性は低いことに越したことはありません。

　ボツリヌス菌が産生するボツリヌス毒の急性毒性（経口 LD50: mg/kg）は三・二$\times 10^{-8}$と強心剤のジギタリス（〇・四）や青酸カリ（一〇）も霞んでしまうほどの猛毒です。私たちが日常的に口にする食品にも急性毒性の高いものがあります。辛味成分のカプサイシンは六〇～七五、カフェインは一七四～二一〇、食塩は三〇〇〇、エチルアルコールは七〇〇〇です。食塩の急性毒性が三〇〇〇ミリグラム／キログラムということは、体重五〇キログラムのヒトが五〇×三〇〇〇ミリグラムの一五〇グラムの食塩を一気に摂取すると半分が死ぬことを意味しています。また、エチルアルコールの急性経口毒性が七〇〇〇ミリグラム／キログラムということは、体重五〇キログラムの人は五〇×七〇〇〇ミリグラムの三五〇ミリリットルのエチルアルコール（一〇〇パーセント）を一気に摂取すると半分死ぬことになります。ちなみにウイスキーボトルの容量を七五〇ミリリットル、アルコール度数を四三度とすると、ボトル一本には三二二・五ミリリットルのエチルアルコールが含まれていることになり、ボトル一本の一気飲みは致死量に近いことになります。これに対して、農薬の急性毒性（経口）は製剤型で異なりますが、例えば除草剤のグリホサート（カリウム塩）で二〇〇〇ミリグラム／キログラム（♀ラット）、殺菌剤のクロロタロニルで二二七九ミリグラム／キログラム（♂ラット）です。

急性毒性の低い農薬を故意に選んだわけでなく、農薬の毒性がもともと高くないということです。特に除草剤には急性毒性の非常に低いものがたくさんあります。現在、使用されている除草剤の急性毒性の毒物、劇物、普通物の割合はそれぞれ五・〇パーセント、二・五パーセントおよび九二・五パーセントであり、ほとんどの除草剤が普通物です。なぜかといえば、前述したように多くの除草剤が動物にはない植物に特有の生理過程を阻害するからです。

一方、農作業おける死亡件数（平成一六）を作業別に比較すると、トラクターを運転している最中に亡くなった方が二九五人と圧倒的に多く、農薬散布による事故死はわずか二名で、しかも、この二名は農薬による直接的な中毒事故ではなく、体調不良が関係していたと考えられています。このように急性毒性の高い農薬はわずかしかありませんが、農薬は今でも危険だと思われています。その理由として、一九五〇〜一九六〇年代にかけて開発されたパラチオンやＢＨＣ（βＢＨＣ）などの殺虫剤の急性毒性が高かったこと、パラコートと呼ばれる除草剤が自殺に使われていたことなどが考えられます。しかし、何といっても最大の原因は農薬に対する正しい情報が一般市民に伝わっていないことです。

（環境破壊の原因）

農薬が自然破壊の元凶のように思われていますが果たして本当でしょうか。むしろ人間が食料を得る目的で土地を耕す農業こそが最大の原因のような気がしてなりません。前述したように、筆者はかつて中国の黄土高原と呼ばれる日本国土の一・五倍ほどもある半乾燥地において緑化研究をしていたことがあります。わずか数年間の経験でしたが、少数民族の隔離政策や家畜の過放牧などが砂漠化を助長しており、砂漠化はまさに人災であることを実感したことを覚えています。半乾燥地は痩せた土地ですから、もしそこで肥料や除草剤を使うことができれば、農業生産性が上がって土地への負荷を減らすことができるようになり、その結果、砂漠化を防ぐことができるのではないかと思いました。

一方、世界の人口は一九六二年の三一億人から二〇〇三年の六三億人へと約二倍に増加しましたが、この間に農地面積は六・五億ヘクタールから六・七億ヘクタールとわずか二〇〇〇万ヘクタールしか増えていません。しかしヘクタール当たりの農業生産量は一・四トンから三・二トンに約二・三倍に増加しました。このことは人口の増加分を農業生産性の向上によって補ってきたことを示すものであり、農薬や肥料も大きく貢献したのではないかと考えられます。二〇二〇年時点で世界の人口は七七億人で、二〇五〇年には九七億人に達するという予測もありますが、地球の資源は有限であり、環境保全の観点から、これ以上、畑を増やすことは望めません。また、作物の品種改良や肥料による増収も限界になりつつあります。将来の人口増加に向けた唯一の対策は単位面積当たりの生産量を上げるのではなく、雑草と病害虫による減収を抑えることです。

ところで日本全国のいたる所で水辺の自然環境が悪化して生物相が貧弱になっていますが、その理由はどこにあるのでしょうか。毒性の強い農薬が散布されているからでしょうか、コンクリート製の三面張り水路が全国津々浦々まで整備されたためでしょうか、あるいは作期以外に用水路に水が流れなくなったためでしょうか。暗渠排水によって水田が乾田化したことや、生活排水によって河川の水質低下したこと、はたまた土地開発による湿地や後背林地が減少したためでしょうか。水田に張り巡らされたコンクリートの用水路には秋から春にかけて水はまったく流れていません。これではドジョウやフナが棲めるはずもありません。魚が減ったことを農薬の所為にするのはあまりにも不合理で、問題の根本的な解決になっていません。農薬を一方的に悪者扱いせずに上手に使うことを考えることが人のためになるのではないでしょうか。

第三章　雑草害

雑草は農作物の収量や品質を低下させるだけではありません。雑草は農村にも都市にも生育しており、農業以外のさまざまな場面において人の生活に有形無形の損害を与えています。ここでは被害を引き起こす雑草の種類、被害の様相、被害の規模などを農地、道路・河川などの公共地、公園やゴルフ場などのアメニティー緑地に分けて説明します。また、少子高齢化が進んでいる中山間地域における雑草害の実態を栃木県那須烏山市大木須地区の事例を挙げながら紹介します。

1．農業分野における雑草害

雑草による平均減収率は作物の種類によって異なり、社団法人日本植物防疫協会によれば、表11、12および13に示すように、移植水稲で二四～四一パーセント、コムギやダイズなどの畑作物で九～二五パーセント、キャベツやタマネギなどの蔬菜類で一五～三七パーセントになります。一方、わが国の平成三〇年度の畜産、茶、果樹を除いた農業産出額は表14に示すように、コメが一兆七四一六億円、野菜が二兆三二一二億円で総計が四兆三六〇四億円になります。この農業産出額が適切な雑

表11. 移植水稲栽培における雑草害

年度	平均減収率（%）	最大減収率（%）	調査箇所数
1986年	24	66	100
2006年	41	92	114

1986年：移植後平均40日まで無除草、その後、除草
2006年：収穫時まで無除草
（社団法人日本植物防疫協会）

表12. 各種畑作物における雑草害

作物	年度	平均減収率（%）	最大減収率（%）	調査箇所数
コムギ	2003 - 2005	13	41	64
オオムギ	2003 - 2005	13	30	39
ダイズ	2002 – 2006	25	84	88
サツマイモ	2002 - 2006	11	58	13
トウモロコシ	2002 - 2006	17	54	70
ジャガイモ	2002 - 2006	9	63	27
平均		14.7	55	

（社団法人日本植物防疫協会　平成20年6月）

表13. 各種蔬菜における雑草害

作物	年度	平均減収率（%）	最大減収率（%）	調査箇所数
キャベツ	1983 - 1986	18	69	47
ハクサイ	1983 - 1986	15	57	33
タマネギ	1983 - 1986	31	57	44
ダイコン	1983 - 1986	16	36	18
ニンジン	1983 - 1986	37	88	50
ゴボウ	1983 - 1986	19	49	18
サトイモ	1983 - 1986	32	68	22
平均		24	60.6	

（社団法人日本植物防疫協会　平成20年6月）

表14. わが国の農業総産出額と雑草による損失（推定値）

作物	産出金額（億円）	雑草による減収率（%）	雑草による損失（億円）
コメ	17,416	40	6,966.4
ムギ類	398	13	51.7
マメ類	623	25	155.8
イモ類	1,955	14	273.7
野菜	23,212	18.7	4,340.6
合計	43,604		11,788.2

産出金額：農林水産省農林統計H30
雑草による減収率：社団法人日本植物防疫協会のH20年

草管理によって得られた金額と仮定すると、農業産出額に雑草による減収率を乗じた値が潜在的な経済損失額になります。減収率の平均値を仮にコメで三〇パーセント、野菜で二〇パーセントとすると、雑草による経済損失額はコメで五二二五億円、野菜で四六四二億円となり、総額は九八六七億円に上ります。畜産、茶、果樹などでもかなりの雑草害が見込まれることから、雑草による減収率を一律二〇パーセントとすると、二〇一九年のわが国の農業総産出額が九兆二七四二億円ですから、もし全く雑草対策が行われていなければ、農業全体で一兆八五四八億円もの巨額な損失が雑草によって引き起こされたことになります。

雑草による経済的な損失額は除草労働時間から推測

することもできます。前述したように移植水稲栽培では、除草剤がほとんど普及していなかった一九四九年に一〇アール当たり五〇・六時間を除草に費やしていたことから、この除草時間に水稲の作付け面積と除草の時間給を乗じると損失額が求められます。現在の水稲作付け面積が約一五〇万ヘクタールですから、人力だけですべての水田の草取りを行った場合、述べ七億五九〇〇万時間が除草にかかることになります。この時間に作業内容からすると安すぎるかも知れませんが時給一五〇〇円を除草費として乗ずると、一兆一三八五億円が移植水稲栽培の除草にかかっている計算になります。つまりこの巨額な金額が雑草による経済的な損失ということになります。ちなみに二〇一九年度の日本国内の除草剤の出荷金額は全農薬の三六・四パーセントに相当する一二二七・三億円でした。除草剤は畑やゴルフ場でも使われていることから、仮に水田で使用された除草剤の総額を五〇〇億円とすると、除草剤の移植水稲作に対する経済効果は一兆一三八五億円から五〇〇億円を差し引いた一兆八八五億円になります。

上述した雑草による経済的な損失は減収率から類推したものですが、雑草害には、定量化できないものもあり、これが雑草害の全体像を不透明にさせています。その一つの例として、雑草が病害虫の中間宿主になって作物生産に間接的な損害を与えることが挙げられます。水稲栽培では、汚粒米の含有量が〇・七パーセントを超えると規格外になることから、カメムシによる斑点米はコメ生産農家にとっては大きな問題になっています。カメムシは悪臭を放つことから「屁こき虫」とも呼ばれる半翅目昆虫で、口吻内の鋭い針を出穂直後のイネ籾に差し込んで柔らかい胚乳を吸います。その結果、イネの胚乳部分に針の傷跡が斑点状に残り、これが斑点米と呼ばれるものです。アカスジカスミカメ、アカヒゲミドリカスミカメ、クモヘリカメなど六〇種以上のカメムシ類がイネに加害することが知られています。カメムシ類の増加原因として、温暖化による越冬個体の生存率の上昇や耕作放棄地や休耕田などの越冬場所の増加が挙げられますが、カメムシ類の中間宿主であるイヌビエ、エノコログサ、メヒシバ、ハルジオンなどが防除されずに水田畦畔に残存していることが最大の原因と考えられています。カメムシ類の防除に、年間二〇〇億円ほどの殺虫剤が使われており、これも雑草による間接的な経済的損失と見なされます。

中間宿主の問題はカメムシ類だけに限りません。サヤヌカグサはイネミズゾウムシ、スズメノテッポウやニワホコリはイネ縞葉枯れ病ウイルス、ワルナスビやイヌホオズキはトマトモザイクウイルス、二千種以上もの雑草がネコブセンチュウ、ネグサレセンチュウ、シストセンチュウの中間宿主になることが知られています。トマトやイチゴなどの施設園芸では、ウイルスを媒介する体長一ミリメートル以下のアザミウマという微小昆虫が大きな問題になっています。アザミウマはトマトやイチゴの葉だけでなく花も好んで食害することから、ハウスの外で年中、花を咲かせている多年生のシロツメクサや晩秋から初春にかけて花を咲かせるオランダミミナグサ、コハコベ、ホトケノザなどの越年生雑草が中間宿主になっています。野菜の産出額の二九パーセントに相当する六七三〇億円が施設園芸の産出額であり、病害虫による損失を仮に一〇パーセントとすると六七三億円が施設園芸の経済的な損失になります。この損失も元はといえば雑草によるものです。このように雑草は水田や畑の中だけでなく、農地やハウス周辺でも病害虫の発生源として問題になっています。

雑草は野生鳥獣害にも関係しています。農地と後背林との境界部分を木障《こさ》と呼びますが、この部分の雑草管理が疎かになると大型雑草が繁茂してイノシシが隠れやすくなり、その結果、イノシシが山から人里に下りてきて農作物を食い荒らすようになります。また、傾斜地ではイノシシがクズの根を掘り返すようになり、法面崩壊が起こりやすくなります。実際に関東地方の河川においても、堤防法面がイノシシによって掘り返されるという事例が各地で報告されています。農林水産省の統計によれば、平成三〇年度のイノシシ被害額は全国で四七億円に上り、これも雑草害になります。さらに農業機械の作業効率の低下も雑草によって引き起こされ、近年、マメアサガオやマルバルコウなどの帰化アサガオ類がダイズ畑で蔓延するようになり、アサガオ類のコンバインへの絡みつきによる作業効率の低下が各地で報告されるようになりました。

畜産関係でも雑草は問題になっています。トクサ科のイヌスギナは牛の下痢、食欲低下、乳量低下を引き起こします。またアブラナ科のカラクサナズナを食べた牛の乳が異臭を放つことから、汚染されない牛乳にほんの少しでも混入すると全量を廃棄しなければならないことになります。この他にも、飼料作物を発酵させた家畜用の飼料をサイレージと呼びますが、このサイレージの品質がギシギシ類やブタナなどの広葉雑草の混入によって低下することも知られています。これは繊維質に富むトウモロコシやソルガムなどのイネ科の飼料作物よりも乾燥しにくい広葉雑草がサイレージに混入すると、サイレージ内の水分調整が上手くいかずに腐敗してしまうからです。

耕畜連携という農業における資源循環システムが予想に反してあまり普及していませんが、これにも雑草が関係しています。耕畜連携とは、作物栽培では肥料が求められ、畜産では家畜の糞尿処理が問題になっていることから、それらを同時に解決するために発酵処理した厩肥を農地に還元する広域的な取り組みのことを指します。わが国では、肉用牛と乳用牛を合わせて約三九〇万頭もの牛が飼育されており、年間一五〇〇万トンものトウモロコシやオオムギが米国やオーストラリアから牛の餌として輸入されています。海外のトウモロコシ畑には、イチビやショクヨウガヤツリなどの雑草が生育しており、それらの種子がトウモロコシ種子に混入して、巡り巡って日本で飼育されている牛に食べられることになります。雑草種子の中には、ハリビユやホソアオゲイトウのように牛の消化管に入っても死滅せず、むしろ発芽率が上がるものがあります。牛糞が発酵処理されていれば、その発酵熱で雑草種子は死滅して、まったく問題はないのですが、未発酵の牛糞を畑に撒くと雑草が爆発的に増えることになります。日本国内における外来雑草の増加は家畜の多頭飼育、海外に依存した飼料供給体制、雑草種子の休眠と覚醒、糞尿処理などのさまざまな要因が関連した結果といえます。

実はこの家畜糞尿と雑草の関係は古くから知られていました。「イギリス古農書考」という書籍の中に、「西洋における地力補給は厩肥であり、放牧と粗飼料に混入する雑草種子が家畜の体内を経て厩肥の中に混入されるために、厩肥による地力補給と同時に雑草が蔓延する。しかし東洋では厩肥ではなく人糞尿を利用している。この違いが凶悪な雑草に悩まされている西洋と雑草の少ない日本の違いだ」という一九世紀初頭のイギリスの雑草学者William Pittの言葉が載っています。すでに一〇〇年以上も前の話ですが、家畜の糞尿処理と農地に発生する雑草の関係が指摘されていたわけです。

最後に林業分野の雑草害です。日本は世界有数の森林大国であり、三七七九万ヘクタールの国土の六六・九パーセントに相当する二五二八万ヘクタールが森林で、その内の一三〇〇万ヘクタールが天然林、一〇〇〇万ヘクタールが人工林、残りは竹林などです。マツ、スギ、ヒノキは苗畑における苗作り、地拵えと呼ばれる苗を移植する場所の整地、下草刈りと呼ばれる移植後の苗の養生、さらには枝打ちや間伐などの一連の作業によって育てられます。苗畑の面積は一九六五年の八七〇〇ヘクタールをピークに国産材の需要の減少とともに二〇一一年の六〇〇ヘクタールまで減少しました。苗畑では、一般の畑地と同様にメヒシバやシロザが問題になり、造林地ではササ類、ススキ、ワラビ、タケ類、クズなどの多年生雑草が問題になっています。

以上のように、農業分野では稲作や畑作はもちろんのこと、施設園芸から畜産、林業まであらゆる場面で雑草が問題になっています。直接的な被害は一兆八五〇〇億円程度であり、さらに数値化できない間接的な被害額を加えると、農業全体では優に二兆円を超える損失が雑草によって引き起こされていると考えられます。

2. 河川堤防における雑草害

平成二六年八月の広島豪雨、平成二七年九月の関東東北豪雨そして平成三〇年七月の西日本豪雨と、大規模土砂災害や洪水が立て続けに発生し、今や自然災害から国土を守ることが喫緊の課題になっています。大型台風に伴って発生する線状降水帯内での記録的短時間大雨が豪雨災害の直接的な原因ですが、都市化による人口密集地の増加や地面の舗装化による雨水の地下浸透能力の低下さらには河川流域内の山林の荒廃や堤防の弱体化も原因と考えられます。

表15に示すように、道路、河川、鉄道、電力（送電線）の面積は極めて広大であり、私たちが快適な生活を送れるか否かは、これらの社会資本の機能が十分に発揮されるかどうか、言い換えるならば雑草管理が上手く行っているかどうかにかかっています。

まず、河川における雑草害について説明します。日本の河川の総延長は一級河川（八八一〇〇キロメートル）、二級

表15. 雑草管理を必要とする社会資本の面積・総延長

場所	総延長・総面積	
道路	1,210,600 km	48.4万ha（路肩幅：2m）
河川	144,100 km	57.6万ha（法面幅：10m）
鉄道	27,517 km	4.1万ha（鉄道幅：15m）
電力	280,000基（鉄塔）	0.3万ha（100㎡/基）

H28年度移植水稲作付面積：147.8万ha
H27年度耕作放棄面積：42.3万ha
(小笠原)

河川（三五九〇〇キロメートル）および準用河川（二〇一〇〇キロメートル）を合わせ、一四四一〇〇キロメートルにもなります。河川には、流域を洪水から守る治水と、流域に暮らす人々の生活用水、農業用水、工業用水を供給する利水の二つの機能があり、堤防は洪水防止のための治水施設になっています。その堤防は内堤防（民家側）と外堤防（水路側）及び右岸と左岸に分けられ、法面の長さを仮に一〇メートルとすると、日本全国の河川堤防の総面積は五七・六万ヘクタールにもなります。

一方、河川では、シバで堤防法面を被覆することが「河川砂防技術基準　維持管理編（河川編）」によって義務付けられており、堤防の植生管理はシバ植栽後の三年間に行われる養生工とその後の通常管理による除草工に分けられています。養生工では、シバ植栽一年目と二年目に年間三回の手取り除草と一回の施肥、シバ植栽三年目に年間三回の手取り除草、一回の施肥、一回の集草及び二回の刈り取りが行われます。シバ植栽四年目以降、すなわち養生工が終わると年間二回の刈り取りと一回の集草の除草工に移行します。刈り込みが年間で六回以上も行われていた頃は、シバは良好に維持されていましたが、刈り込み回数の減少に伴いシバが衰退し、その逆にセイタカアワダチソウやセイバンモロコシが繁茂するようになりました。なぜ、刈り込み回数が減るとシバが衰退するのでしょうか。次に、セイタカアワダチソウやセイバンモロコシなどの大型雑草の繁茂と関連させてその理由を説明します。

シバを優占種とする河川堤防は生態学的には短草型の草原に分類されます。短草型草原の代表例がモンゴルのステップ（Steppe）、北米のプレーリー（Prairie）、南米のパンパス（Pampas）であり、いずれも年間降水量が五〇〇ミリメートル前後の半乾燥地に形成されます。一方、年間降水量が一七〇〇ミリメートルを超える日本では、短草型草原が形成されることは稀であり、ほとんどの場合、森林が極相となります。このことは短草型草原の一種であるシバを優占種とする堤防植生は日本では自然には成立しないことを意味しています。

日本においてシバが自生している場所は伊豆半島の天城や富士山の裾野などのような排水の良好な場所に限られています。奈良県奈良市の若草山、宮城県石巻市の金華山、宮崎県串間市の都井岬にもシバは自生していますが、これにはシカやウマの放し飼いが関係しています。植物の中で踏みつけや刈り取りに最も弱い部分が成長点です。

シバの成長点は地際にあり、しかも珪酸質に富んだ硬い葉で幾重にも覆われていることから、動物の食害や踏みつけに耐えることができます。これに対して、広葉植物では成長点が剥き出しになっていることから、食害や踏みつけに耐えることができません。しかし、踏圧や刈り込みのないところでは、セイタカアワダチソウ、セイバンモロコシ、セイヨウカラシナなどの大型雑草が増え、シバはこれらの雑草によって被圧されて衰退します。つまり、シバは踏圧や刈り込みの加わる開けた場所でしか、生きていくことのできない植物だということです。

それでは堤防法面がセイタカアワダチソウ、セイバンモロコシ、セイヨウカラシナで覆われると、どのような問題が起こるのでしょうか。まず、河川堤防の最大の機能である洪水防止機能について考えてみましょう。河川堤防では、洪水を未然に防ぐために二つの管理業務があります。一つは堤防の強度を一定の水準以上に保つこと（維持管理）であり、もう一つは堤体にひび割れが入っていないかどうか、法尻から水が滲み出ていないかどうかを早期に発見すること（巡視）です。セイヨウカラシナやセイヨウナタネなどの直根型の広葉植物は土壌を膨軟化させて堤体の強度を低下させ、セイタカアワダチソウやセイバンモロコシなどの大型雑草は地面を覆って巡視の妨げになります。また、堤防周辺に農地や宅地が広がっている場合は、作物の病害虫の中間宿主となる雑草や花粉症の原因となるイネ科牧草類が防除の対象になります。

変わったところでは、メリケントキンソウという南アメリカ原産のキク科の一年生雑草があります。写真16に示すように、痩果に鋭い棘があることから、この雑草が密生した芝生ではスポーツはもちろんのこと散歩すらできなくなり、公園の利用が大きく制限されます。また、表16に示すように、刈り取り区よりも放任区で可燃ゴミ、不燃ゴミ、家電ゴミが多いことから、雑草が繁茂するとゴミの不法投棄が増えることが知られています。

写真16. メリケントキンソウ（*Soliva sessilis* Ruiz et Pav.）（小笠原）

表16. 宇都宮市田川堤防法面における雑草管理とゴミの不法投棄量との関係

ゴミの種類	ゴミ投棄量（kg/4㎡）		
	不燃物（缶・瓶類）	可燃物	大型ゴミ（家具・家電類）
刈り取り区	0.3	1.0	16.7
放任区	1.2	1.2	103.2

一前ら（雑草研究第47巻別号2002年から）

このようにさまざまな直接的あるいは間接的な雑草害が河川堤防で問題になっていますが、それではこれらの雑草害を防ぐために、どのくらいの維持管理経費がかかっているのでしょうか。国土交通省の資料によれば、一四四一〇〇キロメートルの河川総延長の七パーセントに相当する一〇六〇〇キロメートルの一級河川が重要度の高い区間で、国土交通大臣が管理する国直轄管理区間に指定されています。直轄河川全体の維持と修繕に要する事業費は平成二九年度で九四四億円であり、維持管理費はその八〇・二パーセントに相当する七五七・一億円であり、さらにその三二パーセントに相当する二四二・三億円が除草に充てられています。

つまり一〇六〇〇キロメートルの直轄河川の堤防の雑草管理に二四二・三億円が毎年、計上されていることになります。河川の洪水被害は直轄河川以外の一級河川や二級河川さらには準用河川においても大きな問題になっていることを考え合わせると、直轄河川以外の河川においても一定の水準以上の雑草管理が求められます。仮に、直轄河川と同等のレベルで全ての一級河川の堤防を管理しようとすると二〇一四億円が必要になり、二級河川まで拡大すると二八三五億円もかかることになります。ここで注意しなければならないのは、この金額はあくまでも現行の管理水準で堤防を管理した場合のものであり、この予算では河川砂防技術基準の要件を満たすには不十分だということです。

次に、河川堤防に生育する雑草の特徴を説明します。土壌が頻繁に撹乱される農耕地では、イヌビエ、メヒシバ、スベリヒユなどの一年生の小型の雑草が優占します。これに対して河川堤防では、土壌撹乱が起こらないためにススキ、ヨシ、セイバンモロコシ、セイタカアワダチソウなど、いずれも草高が二メートルを超える大型雑草が優占します。これらの大型雑草は堤防巡視に支障をきたすだけでなく、生物量が多いために刈り取った後の処分にも多額の費用がかかることになります。

また、クズ、カナムグラ、アレチウリなどの蔓性雑草が多いことも河川堤防植生の特徴として挙げられます。特に問題になっているのがクズです。なぜ増えてきたのかその理由はよく分かっていませんが、河畔林においてクズが放置されていることと、クズ種子の特異な拡散様式が考えられます。莢が植物体から離れる際に、莢内に形成された種子の一部が莢からこぼれ落ちますが、大部分の種子は莢の内部に保持されたまま莢とともに地面に落下します。一方、莢の表面は毛に覆われて撥水性に富むことから種子を含んだ莢は水中に沈むことなく、増水時には、水流に乗って河畔林から下流の河川に拡散します。最終的に、河川の高水敷に移動した莢から種子が発芽して灌木類に巻き付き、その蔓の末端が堤防法面に押し寄せてきているのではないかと考えられます。

同じ地域でも異なる雑草植生がパッチ状に形成されているのも河川における雑草植生の特徴です。水田や畑では、土質や土壌の撹乱程度が地域で共通しているために、雑草の種組成や生育量に大きな違いはありませんが、河川堤防では隣り合った場所でも大きく異なります。これは堤防の土壌水分と土壌硬度が天端から法尻にかけて一定でないことと、堤防の土壌が元々、現地にあったものではなく築堤時に他所から搬入されたものが多いことも関係しています。雑草植生が同じ地域で大きく異なるということは、さまざまな手法を駆使しなければ高い除草効果が得られず、河川堤防における雑草制御の難しさを表しているといえます。

この他にも、河川堤防には、短草型の草原を好むカワラナデシコ、ツリガネニンジン、ワレモコウなどの在来の野草が混在するのも特徴です。これらの野草は保全しなければなりませんが、河川堤防は山野草を栽培するためにあるのではなく、洪水防止のためにあるという本質的なことを忘れてはなりません。もし、希少な植物が見つかったら、親水公園みたいな所で保存すべきでしょう。

3. 道路における雑草害

イタドリやススキなどによるアスファルト歩道やブロック舗装の劣化、クズやカナムグラなどの蔓性雑草の巻き付きによる信号機や交通標識などの道路構造物の機能の低下、セイタカアワダチソウやヒメムカシヨモギ、クズなどの大型雑草による運転者や歩行者の見通しの低下、さらには植樹帯に繁茂する各種雑草による景観の低下やゴミの不法投棄の助長など、表17に示すように、道路における雑草問題は多岐に及ん

表17. 道路に関する苦情の種類と件数

苦情の種類	苦情の件数		
	平成28年	平成29年	平成30年
路面	93 (10.7%)	96 (12.3%)	67 (8.6%)
落下物	395 (45.5%)	267 (34.4%)	258 (33.1%)
雑草	123 (14.1%)	132 (17.0%)	79 (10.1%)
その他	257 (29.6%)	280 (36.1%)	374 (48.0%)
合計	868 (100%)	775 (100%)	778 (100%)

宇都宮国道事務所（第4回市民公開シンポジウム、人と道路と雑草、令和元年度の資料より）

でいます。また、道路の雑草害は地方だけでなく、都市でも問題になっています。写真17は東京都千代田区霞が関一丁目交差点の風景です。東京は日本の首都であると同時に国際都市であり、霞が関は政治の中心である国会議事堂の目と鼻の先です。国際都市でここまで雑草が放置されているところはお目にかかったことはありません。綺麗好きは日本人の美徳の一つだったはずですが、とても残念でなりません。写真18は道路における除草作業の風景です。車線規制をしながらの除草は交通渋滞を引き起こすことから、経済的損失は除草費用だけでは収まらないことを示しています。

　農業場面と同様に、道路における雑草害の具体的な被害金額を示すことはできませんが、道路の維持管理予算から推定することができます。高速道路、都道府県道お

写真17. 東京都霞が関一丁目交差点（令和２年度までの状態）
（小笠原）

よび市町村道を合わせた全国の道路の総延長は一二一万六〇〇キロメートルに上り、この内の一・八五パーセントに相当する二万二三六二キロメートルを国（国土交通省）が直接、維持管理しています。平成二三年度には、この直轄国道に対して総計で一八九億円の除草維持費が計上されています。除草維持費には、巡回、清掃、街路樹の剪定に要する経費などが含まれていることから、全額を除草費と見なすことはできませんが、最も多くの労力が費やされている作業が除草であることから、少なく見積もっても除草維持費の五〇パーセントの一〇〇億円

写真18. 道路除草の風景
（小笠原）

弱の経費が直轄国道の雑草管理に費やされているものと考えられます。仮に平成二三年度の直轄国道と同じ水準で、全国の全ての道路を維持管理しようとすれば、除草維持費だけで五四〇〇億円もの経費がかかる計算になります。除草経費が二万二三六二キロメートルに対して約一〇〇億円ですから、かなり潤沢に措置されているように思われますが、実情は年二回の刈り取りと集草で目一杯であり、道路が綺麗に維持されている期間は刈り取り直後から一ヶ月くらいのもので、一年の大半が雑草に覆われているのが現状です。

関東地方を例にとると、セイタカアワダチソウ、オオアレチノギク、クズなどの代表的な道路雑草の生育期間は五月から一〇月までのおよそ六ヶ月間であり、この六ヶ月間において二回の刈り取りで対応していることになります。一回の刈り取りで雑草の生育を一ヶ月間抑えることができると仮定すれば、二回の刈り取りで雑草害は二ヶ月間解消できることになります。つまり雑草が繁茂する六ヶ月間のうち、二回の刈り取りだけでは二ヶ月間しか道路を維持できず、残りの四ヶ月間は雑草が生え放題だということとなります。決して道路を放置しているのではなく、雑草管理のあり方が実態に即していないためだと思われます。

これには雑草管理の予算が足りないことだけでなく、維持管理の発注方式や契約年度も関係しています。雑草管理を含む工事の発注方式には、仕様規定方式と性能規定方式の二種類があります。仕様規定とは、現場の状況に合わせて予め設計した施工方法や施工時期などの仕様に従って工事を行うものです。一方、性能規定方式とは、あらかじめ目標となる基準を設定しておいて、その基準を達成することが目的で手法は何でも良いというものです。雑草管理であれば、六月と九月に刈り払い機で草刈りを行うことをあらかじめ決めておき、この仕様にしたがって雑草管理を行うのが仕様規定方式で、時期に関係なく常に雑草の草高を一〇センチメートルに決めておき、何らかの方法でこの基準を満たすようにするのが性能規定方式になります。現在、多くの維持管理工事で使われているのが仕様規定方式で、雑草の生育状態に関わらず決められた時期に雑草を刈り取ってしまえば、それで終わりということになり、その後に雑草が再生しても放置されることになります。これに対して性能規定方式では、契約年度の期間内において常に雑草は一定の水準に維持されていなければなりません。さらに水準を維持する方法は特定の技術に限定されていないことから、生態系や人畜に対する安全性が保証されていれば、除草剤や生物防除などいろんな方法が取り入れられることになり、技術の総合化や効率化が促進されることになります。

また、仕様規定は単年度契約という縛りを受けます。ほとんどの場合、工事は四月に発注されますが、作業が実際に始まるのは手続きの関係上、五月から六月にずれ込み、その結果、雑草が伸びすぎて予め計画された仕様では対応できなくなることもあります。このように、道路の雑草管理には、雑草管理技術だけでなく、工事の発注方式や契約年度も深く関係しており、現状では直轄国道でさえ理想的な雑草管理に程遠い状態にあるといえます。

次に道路雑草の特徴です。道路では、中央分離帯、路肩、法面、植え舛、緑地帯に雑草が生えますが、特に問題になっている部分は草刈りのやりにくい縁石と歩道あるいは縁石と車道の境界部分に形成される目地《めじ》と呼ばれる狭小な隙間です。歩道や車道のアスファルトと縁石のコンクリートの収縮率が異なることから、それらをぴったり施工しても徐々に小さな隙間が形成されて土砂が溜まり、やがて周辺から雑草種子が飛来して雑草が生えるようになります。これが目地雑草と呼ばれるもので、道路の構造と舗装資材の物理的な特性が雑草の発生場所を提供しているといえます。道路の目地は極めて狭小な空間であることに加えて、真夏には優に五〇度を超える高温に達し、しかも降雨があれば瞬時に冠水します。この植物にとって非常に劣悪と思われる生育環境にセイタカアワダチソウ、オオアレチノギク、ヒメムカシヨモギ、メマツヨイグサ、ヨモギ、シナダレスズメガヤ、オオクサキビなどが生育しています。

ちなみに筆者らが行った遺伝子解析から、河原でよく見かけるナデシコ科のノミノツヅリが道路間隙の特徴的な種類、すなわち標徴種《ひょうちょうしゅ》であることが明らかになっています。一見、河原と道路は無関係のように思えますが、植物にすれば、雨が降れば水浸しになり晴れれば高温になる道路は河原と同じ生育環境なのかも知れません。また、道路間隙で優占化するオオアレチノギクとヒメムカシヨモギを引き抜いてみると、地上部に対して地下部が極めて貧弱であり、他の雑草とＳＲ比（地上部と地下部の長さや重さの比）においては大きな違いがあります。オオアレチノギクとヒメムカシヨモギは畑には生えませんが、耕作が放棄されると瞬く間に侵入する雑草であり、まさにこれらの雑草は土壌撹乱を苦手とする道路環境に適応した雑草といえます。

　ここでは、道路と河川に絞って雑草害を紹介しましたが、鉄道も農業と同じように広大な土地を必要とする土地利用型の産業であり、線路の維持管理において雑草が大きな問題になっています。表18に示すように、クズやセイタカアワダチソウなどが鉄道沿線に繁茂し、列車の安全運行だけでなく線路や信号機などの鉄道施設の保守点検などにもさまざまな支障をきたしています。

表18. 鉄道敷における草種別の雑草害と出現頻度

雑草名	出現区間数					総出現区間数
	見通しの低下	巡視の障害	構造物の機能低下	住民からの苦情	その他	
クズ	19	48	18	5	28	118
ススキ	50	15	6	9	14	94
セイタカアワダチソウ	35	15	4	5	8	67
イタドリ類	32	13	4	4	7	60
スギナ	3	13	6	0	11	33
センダングサ類	6	22	3	4	2	37
アレチウリ	8	9	4	2	6	29
ヒメムカシヨモギ	10	6	2	2	3	23
ヤブガラシ	1	6	3	1	2	13
ヨモギ	3	4	3	3	2	15
その他	35	41	15	10	23	124
計	202	192	68	45	106	613

（小笠原）

4. 芝生の雑草害

芝生はよく文化のバロメーターと呼ばれます。平安時代に編纂された日本最古の造園書の「作庭記」に初めて「芝」という言葉が出てくるように、シバは古くから日本庭園に植栽されていました。室町時代に入ると猿楽や田楽などが寺社仏閣などで盛んに催されるようになり、見物席が野外の芝生に設けられるようになったために、大衆芸能はいつしか芝居と呼ばれるようになりました。このように、芝生は日本人にとって、古来より文化や生活に密着した馴染み深い空間でした。

ちなみに「芝生」と「芝草」の意味は異

なります。「芝生」は芝草という植物によって作られた空間であり、芝草は芝生を構成する植物で一般的にはノシバやコウライシバなどのイネ科植物を指します。芝生には、一種類の芝草が短く刈り込まれることによって創り出される均質性、芝草の茎葉とサッチと呼ばれる茎葉の未分解層による弾力性、土中に縦横無尽に張り巡らされた根系による土壌保持力、光合成によるガス交換、蒸散による大気の浄化さらには気化熱による冷却効果などの諸機能があり、ゴルフ場やサッカー場などのスポーツフィールドだけでなく、屋上緑化や緑地公園でも利用されています。

芝生の最大の利用場面はゴルフ場です。二〇一九年の時点で、日本には二二二九コースものゴルフ場があり、米国の一万四六四〇コース、カナダの二二六五コースについで、日本は世界で三番目のゴルフ大国です。スキー、テニス、野球、サッカーなど多くのスポーツがありますが、なぜか課税対象になっているのはゴルフだけです。ゴルフはかつて富裕層を対象とした贅沢なスポーツでした。もしかしたら、ゴルフは亡国の遊びだというような昔の社会通念が課税対象になっていることと関係しているのかも知れません。このゴルフ場利用税は一九五五年に施行された地方税で、一人一回あたりの税額はゴルフ場の規模や整備状況によって異なりますが、平均八〇〇〇円で総額は六九〇億円ほどになり、これが地域の学校教育や環境保護などに充てられています。ゴルフ場あたりの年間利用者数が約四万人ですから、一つのゴルフ場は地元に年間三二〇万円ほどを還元していることになります。二〇一九年のゴルフ場利用者数は八六三二万人であり、最盛期の一億二三二万人（一九九二年）から一六〇〇万人ほど減少しましたが、それでもゴルフは老若男女が楽しめる最もポピュラーな屋外スポーツといえます。

　少し、雑草から離れますが、ついでにゴルフ場と環境との関係について説明します。ゴルフ場はあたかも環境破壊の権化のように思われているようですが、ゴルフ場開発は自然公園法、環境影響評価法、農地法、河川法、都市計画法、国土利用計画法などによってさまざまな制約を受けており、簡単に開発できないようになっています。また、広い林帯がゴルフ場に残されていますが、これも森林法で決められたものです。一五年生以下の若齢木を除いた残置森林面積の開発地域内の森林面積に対する割合を残置森林率と呼び、ゴルフ場では四〇パーセント以上とされています。簡単にいえば、ゴルフ場を造る場合、森林面積の四〇パーセントを残さなければならないということです。ゴルフ場では森林が確保されているだけでなく、一般市民の立ち入りが制限されていることから、自然が良く残っている場合も珍しくありません。筆者は関東地方のあるゴルフ場においてオオタカやカワセミさらに周辺では既に絶滅したモウセンゴケを見たことがあります。ゴルフ場は生態系保全に役立っているのではないかと考えられます。また、ゴルフ場は地域の貴重な雇用源となっているだけでなく、地震や洪水などの災害時の避難場所にもなっており、ゴルフ場はもっと見直されるべきではないかと思います。

確かにゴルフはかつて贅沢なスポーツでした。それはスズメノカタビラやメヒシバなどの雑草を人力で除草していたために維持管理費が高くなり、その結果、プレー費も高額になっていたからです。しかし、最近は除草剤によって雑草管理が安価にできるようなったために、手軽にゴルフを楽しめるようになりました。

前述したように、日本には芝生を含む短草型の草原が自然に形成されないことから、芝生を維持する上で最も重要な作業は雑草管理になります。以下に日本のゴルフ場における雑草害について説明します。まず日本のゴルフ場の芝生の総面積を計算してみましょう。ゴルフ場の平均的なコースの全長を六〇〇〇メートル、幅を三〇メートルとすると一ゴルフ場あたりの芝生面積は一八万平方メートル（一八ヘクタール）になり、この値に日本のゴルフ場の総数の二二〇〇コースを乗じて得られた約四万ヘクタールが日本のゴルフ場の芝生総面積になります。

芝生では雑草が年間を通して発生しますが、仮に月に二回の割合で草取りをしたとすると年間で延べ九六万ヘクタールの芝生を管理しなければならないことになります。そして一人当たりの一日の草取り面積を一〇〇〇平方メートル（〇・一ヘクタール）、日額の人件費を一万円として手取り除草をしたとすると九六〇億円もの人件費がかかることになります。この除草費を総利用者数の八六三二万人で除するとプレーヤー一人当たりの除草費が一一一二円になります。これに対して二〇一九年度のゴルフ場向けの除草剤の総出荷金額は二二一・八億円ですので、九六〇億円から二二一・八億円を差し引いた七三八・二億円が除草剤の経済効果になります。除草剤費の二二一・八億円を総利用者で除するとプレーヤー一人当たり二五七円になります。つまりプレーヤー一人当たりの除草経費は人力除草の一一一二円から除草剤を使うことにより八五五円も安くなったことになります。ゴルフプレー費を一万円とすると、雑草管理費のプレー費に占める割合はわずか二・五七パーセントにすぎません。芝生の維持管理費が除草剤によって安く抑えられ、その結果、ゴルフが社会に広く普及したことが分かります。

5. 中山間地域における雑草害（栃木県那須烏山市大木須地区の事例紹介）

草取りは農業の根幹的な作業であり、繰り返しになりますが一九四九年に五〇・六時間もかかっていた移植水稲作における一〇アール当たりの除草時間は二〇一七年には一・二時間まで縮減されました。この大幅な除草時間の縮減は一九六〇年代以降に開発された除草剤に依るものであり、農村における雑草防除問題は概ね解決された感があります。しかし、農家にとって除草を必要とする場所は耕作地だけではありません。畦畔、農道、用水路さらには近年、各地で急増している耕作放棄地や地域活性化を目的に整備された集落共同施設も除草の対象になっています。

一方、国土面積の七割を占める中山間地域では、農業生産に加えて治水・利水に関わる水資源と森林資源の保全も重要な課題になっていますが、人手不足により雑草管理を含めた環境整備が思うように進んでいないのが実態です。このことは国土を保全しつつ農業を続けるためには、中山間地域を対象とした新たな雑草管理技術の構築が急務であることを示しています。ところが、新しい除草技術を開発しようにも、その基礎となる中山間地域における雑草害の実態が良く分かっていませんでした。そこで研究室の大学院生と一緒に、栃木県那須烏山市大木須地区を事例に挙げて、地域の人たちがどれくらい雑草で困っているのかを明らかにするために、時期、場所、方法および担当者別に除草時間を調べることにしました。ここではその研究結果をもとに中山間地域で起きている雑草害の実態について述べます。

まず、調査地の地理的な概要です。栃木県那須烏山市大木須地区は栃木県と茨城県にまたがる八溝山系の西部に位置する地域であり、表19に示すように、総面積が一〇五二ヘクタールでその八〇・八パーセントに相当する八四九・五ヘクタールが山林、五・九パーセントに相当する六二・四ヘクタールが農地といった典型的な中山間地域です。大正中期から昭和初期まで葉タバコの生産地でしたが、現在は、葉タバコを生産している農家は皆無で、ほとんどの農家が自家用に水稲、野菜、ソバなどを栽培している兼業農家です。大木須地区の全戸数、総人口および六五歳以上の高齢者の割合は二〇一一年のセンサスによれば、それぞれ一一三戸、三一七人および四七パーセントでしたが、七年後の二〇一八年時点では、全戸数と総人口は一〇四戸および二五五人に減少し、過疎化が確実に進行している地域といえます。

大木須地区には、二〇一二年五月に地域の活性化を目的に「一般社団法人里山大木須を愛する会」が設立され、愛する会は敷地面積二〇〇〇平方メートルの古民家と八〇アールの水田を管理しています。また、大木須地区には、地域が共同で管理している敷地面積一〇〇〇平方メートルの公民館と敷地面積一五アールのオオムラサキ公園があります。

次に調査方法です。調査に協力して頂いた全ての世帯は「一般社団法人里山大木須を愛する会」の会員であり、農家九世帯三一名を対象に、独自に作成した作業日誌に日々の

表19. 栃木県那須烏山市大木須地区の2011年度のセンサス

全戸数	113戸（104戸）
総人口	317人（255人）
65歳以上の割合	47%
総面積	1,052ha
耕地面積	62.4ha
森林面積	849.5ha

（　）：2018年度の数値

雑草管理の作業内容を記入してもらいました。調査は二〇一八年五月一〇日から六月九日（五月）、七月一日から七月三一日（七月）、九月一日から九月三〇日（九月）および一一月一日から一一月三〇日（一一月）の延べ一二二日間にわたって実施し、時刻、場所、手法および担当者別に除草時間を調べました。その結果、九世帯三一名の二〇一八年五、七、九および一一月の延べ一二二日間の総除草時間は一七八二・五時間で、一人当たりの除草時間が五七・五時間であることが分かりました。以下に項目別に除草時間を説明します。

（1）時期別の除草時間

表20に示すように、三一名の時期別の総除草時間は七月で五八四時間と最も長く、次いで五月の五二六・五時間であり、九月と一一月の除草時間はほぼ同じで三三四・五時間と三三七・五時間でした。五月と七月では農地、法面・畦畔、屋敷周り、道路・河川で、一一月では木障・林地で多くの時間が除草に費やされていました。五月と七月において農地と法面・畦畔の除草時間が長かった理由として、この時期は用水路

表20. 時期別の除草時間（hr.）

場所	5月	7月	9月	11月	計
農地*	148.0	160.0	81.5	26.0	415.5
休耕田**	15.0	7.0	6.0	7.5	35.5
法面畦畔	104.5	115.5	94.5	11.5	326.0
木障・林地	11.0	0.0	0.0	235.5	246.5
屋敷周り	138.5	162.0	102.5	34.5	437.5
墓地	3.0	5.0	2.0	0.0	10.0
道路・河川	47.0	54.5	7.0	2.0	110.5
公園公民館	11.0	11.0	6.0	0.0	28.0
愛する会***	26.5	41.5	25.0	19.5	112.5
隣家	22.0	27.5	10.0	1.0	60.5
合計	526.5 (29.5%)	584.0 (32.8%)	334.5 (18.8%)	337.5 (18.9%)	1,782.5 (100%)

*：水田・畑・果樹園、**：耕作放棄地を含む、***:愛する会が管理する古民家、水田、畑
（小笠原）

や畦畔を含む水田周辺の環境整備が田植えに向けて最優先されていたためではないかと考えられます。また、一一月でもかなりの時間が除草に費やされていましたが、これは水稲作の終了に伴って生じた余剰労働力で木障・林地の除草が始まったものと考えられます。除草は農繁期に集中し、農作物が収穫された秋以降に行われなくなると予想していたのですが、実際には、晩秋以降も翌春まで続いており、ほぼ周年を通して行われていることが明らかになりました。

（2）時刻別の除草時間

図7に示すように、除草時間を朝の四時三〇分から夕方の七時三〇分まで三〇分毎にプロットしたところ、五、七、九および一一月のいずれの時期においても午前九時〇〇分から一〇時三〇分までと午後二時三〇分から三時三〇分までの午前と午後にそれぞれ一回ずつ明瞭なピークがありました。また、五月では早朝の六時三〇分頃にも小さなピークがあり、七月では午後三時三〇分から五時三〇分の遅い時間帯にもかなりの時間が除草に費やされていました。このように、除草は日中の気温の高い時間帯を避けて行われており、田植え時期や日照時間が長くなる七月以降は早朝あるいは夕方遅くまで行われていることが分かりました。

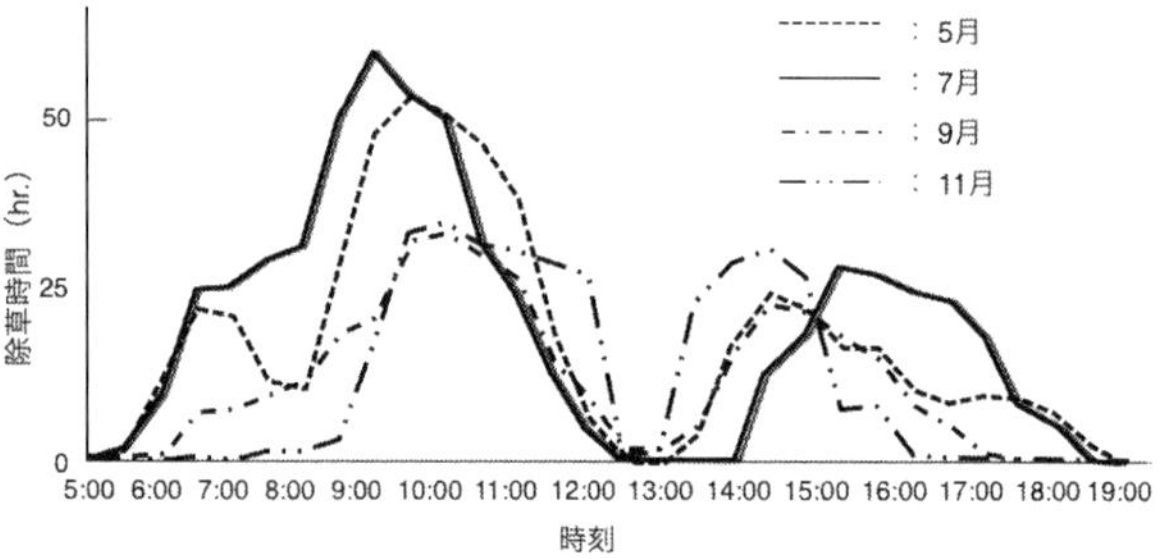

図7.　時刻別の除草時間
（小笠原）

（3）場所別の除草時間

表21に示すように、除草時間を水田、畑、住居などの私有地と道路、河川、公園などの公共地に分けたところ、総除草時間の八二・五パーセントに相当する一四六一時間が私有地の除草に、一四・一パーセントに相当する二六一時間が本来的には行政や自治体が管理すべき公共地の除草にそれぞれ費やされていました。また、公共地でもない私有地でもない空き家になった隣家の庭や屋敷周りも除草の対象になっていました。

表21. 場所別の除草時間（hr.）

場所	除草時間		
私有地	農地*	415.5（23.3%）	1,461.0（82.5%）
	休耕田**	35.5（2.0%）	
	法面・畦畔	326.0（18.3%）	
	木障・林地	246.5（13.8%）	
	屋敷周り	437.5（24.5%）	
公共地（共有地）	墓地	10.0（0.6%）	261.0（14.1%）
	道路・河川	110.5（6.2%）	
	公園・公民館	28.0（1.6%）	
	愛する会***	112.5（6.3%）	
その他	隣家	60.5（3.4%）	60.5（3.4%）
	合計	1,782.5（100%）	

*：水田・畑・果樹園の中
**：耕作放棄地を含む
***:愛する会が管理する古民家、水田、畑
（小笠原）

この理由を明らかにするために、二〇一九年一一月に日誌記入者を対象にアンケート調査を併せて実施したところ、隣家の除草を行った理由として、景観が低下する（8／9：回答者数／回収数）、放置すると病害虫が増える（4／9）、昔からの付き合いがあるから（2／9）などの回答が得られました。また、隣家の持ち主からの依頼によって除草したと答えた者はわずか一名であり、ほとんどのケースが自発的な行為でした。農村社会は生活に関わる問題を相互扶助によって解決しようとする共同社会（ゲマインシャフト）であり、それに対して都市は利益に基づく社会（ゲゼルシャフト）という考え方がありますが、雑草はまさに生活問題であり、相互扶助による除草は農村社会ならではの共同作業であることが改めて分かりました。

　また、道路・河川、耕作放棄地、空き家の雑草管理は本来的には行政が責任を負うべきものですが、地域住民が無償で肩代わりをしていることから、雑草管理は地域保全のための補助金の対象になるのではないかと考えられます。大木須地区では、道路・河川及び休耕田の除草に総除草時間の六・二パーセントと二・〇パーセントが費やされていましたが、問題はこの時間しか除草に割くことができず、十分な除草が行われていないということです。

さらに、アンケートから雑草がいろんな意味で人の生活に深く関わっていることが分かりました。以下に、幾つかのアンケート結果を紹介します。まず、「草取りをどう思いますか」という基本的なことを質問してみました。この漠然とした問いに対して、辛いあるいは大変といったネガティブな回答を予想していたのですが、実際には「無心になれる」とか「あるから取る」というようなポジティブというかある種の悟りを開いたような回答がありました。これは農家だからこその感覚であり、一般市民とかけ離れているのではないかと考え、農学部の学生（全員が非農家の子弟）六二人にも同じアンケートをしてみました。その結果、「辛い」、「疲れる」、「汚れる」などのネガティブな回答が四八・八パーセントであったのに対して、「無心になれる」、「綺麗になってすっきりする」、「気持ちが良い」、中にはずばり「好きだ」という回答もあり、ポジティブな回答は五一・二パーセントとわずかながら過半数を超え、農家も非農家も関係なく、人は除草を意外にも好意的に受け入れていることが分かりました。また、個人的な内容になりますが、「草取りで夫婦喧嘩や言い争いをしたことがありますか」

という質問をしたところ、「一回／週」から「全く無し」までさまざまな回答が寄せられ、程度の差こそあるものの草取りは人間関係にも深く関わっていることが改めて分かりました。ついでに「お嫁さんに草取りをさせますか」という質問をしてみたところ、「全くやらせない」という回答がほとんどでした。舅や姑さんは草取りが辛い作業であることを知っているからこそ、若いお嫁さんにやらせないのでしょうが、お嫁さんにすれば家族の一員に認めてもらえないというある種の疎外感みたいなものを感じているのかも知れません。

さらに、「いつ草取りをしますか」といった問いには、多くの回答が「できるだけ雑草の小さいうちに取る」というものでした。これは雑草が大きくなってからでは引き抜くのが大変であり、できるだけ労力をかけずに除草するためだと考えられます。実はこの答えが雑草学を専門とする者として、一番、心に響きました。一般的に除草時期は作物と雑草の競合から説明されますが、これは除草の大変さを全く考えていない証拠で、実学とは何かということを問われたような気がしました。

（4）手法別の除草時間

表22に示すように、手法別に除草時間を比較した結果、除草は刈り払い機（一〇三八・五時間）と手取り・鎌（六二〇時間）に大きく依存していることが分かりました。また、刈り払い機による除草は法面・畦畔（三一・五時間）、木障・林地（二四六・五時間）、農地（一一一・五時間）および道路・河川（一〇七・五時間）で行われており、手取り・鎌による除草は主に屋敷周り（三五七・五時間）および農地（二三四時間）で行われており、場所によって除草方法を使い分けていることが明らかになりました。

表22.　手法別の除草時間（hr.）

場所	手取り・鎌	刈り払い機	除草剤	トラクター	計
農地*	234.0	111.5	17.5	52.5	415.5
休耕田**	2.0	318.5	5.5	0.0	328.0
法面畦畔	2.0	31.5	0.0	2.0	33.5
木障・林地	0.0	246.5	0.0	0.0	246.5
屋敷周り	357.5	71.0	9.0	0.0	437.5
墓地	3.0	4.5	2.5	0.0	10.0
道路・河川	3.0	107.5	0.0	0.0	110.5
公園公民館	9.5	15.0	3.5	0.0	28.0
愛する会***	9.0	76.5	12.0	15.0	112.5
隣家	0.0	56.0	0.0	4.5	60.5
合計	620.0 (34.8%)	1,038.5 (58.3%)	50.0 (2.8%)	74.0 (4.2%)	1,782.5 (100%)

*：水田・畑・果樹園、**：耕作放棄地を含む、***:愛する会が管理する古民家、水田、畑

（小笠原）

一方、除草剤は農地（水田：一七・五時間）、愛する会（一二時間）、屋敷周り（九時間）で主に使われており、除草剤による除草時間（散布時間）は全体の二・八パーセントに相当する五〇時間に過ぎませんでした。除草剤による雑草管理を詳しく解析すると、対象者三一名の農地の総面積は四九七アールであり、その半分の面積を水田とすると、二五〇アールの水田の除草が除草剤によってわずか一七・五時間で完了したことになります。繰り返しになりますが、手取り除草の時代には一〇アール当たり五〇時間もかかっていたわけですから、二五〇アールで一二五〇時間となり、総除草時間の七〇・一パーセントにもなってしまいます。一二五〇時間もかかっていた水田除草がわずか一七・五時間で済み、この除草剤による省力化で生み出された余剰労働力によって水田以外のさまざまな場所の除草が可能になったと考えられます。もし、除草剤がなかったら、水田除草だけで手一杯になり、地域の環境整備は全く進まなかったに違いありません。

（5）担当者別の除草時間

中山間地域では少子高齢化と労力不足が深刻ですから、最大の問題は誰が除草を分担するかということになります。そこで、除草時間を担当者別に分けて解析してみました。その結果、表23に示すように、一人当たりの総除草時間は世帯主（一三二・七時間）で最も長いことが分かりました。また、被験者数が少なく、データ量は不十分ですが、祖母（八九・五時間）と祖父（八六・九時間）

表23. 分担者別の除草時間（hr.）

場所	分担者別の平均除草時間（hr.）／人（調査人数・平均年齢） 祖父（3人）（85.0歳）	祖母（2人）（84.5歳）	世帯主（9人）（63.8歳）	配偶者（9人）（61.7歳）	子（8人）（36.1歳）
農地*	37.2	42.0	21.8	2.7	0.0
休耕田**	5.8	0.0	2.0	0.0	0.0
法面畦畔	4.8	0.0	34.3	0.3	0.0
木障・林地	3.3	0.0	26.3	0.0	0.0
屋敷周り	33.2	47.5	14.6	12.4	0.0
墓地	1.2	0.0	0.7	0.0	0.0
道路・河川	1.2	0.0	11.6	0.3	0.0
公園公民館	0.2	0.0	2.2	0.9	0.0
愛する会***	0.0	0.0	12.5	0.0	0.0
隣家	0.0	0.0	6.7	0.0	0.0
総除草時間／人	86.9	89.5	132.7	16.6	0.0
総除草時間（全体に占める割合）	260.7（14.6%）	179.0（10.0%）	1,194.3（67.0%）	149.4（8.4%）	0.0（0.0%）

*：水田・畑・果樹園、**：耕作放棄地を含む、***:愛する会が管理する古民家、水田、畑

（小笠原）

が世帯主についで長時間、除草に従事しており、高齢者が家庭内において重要な役割を果たしていることが分かりました。

さらに、除草場所と担当者の関係を調べてみると、祖父母は主に屋敷周りを担当していたのに対して、世帯主は法面・畦畔と木障・林地を担当しており、除草場所が家庭内において明確に分けられていることも明らかになりました。これは農地や法面の除草が重労働なために、高齢者には比較的に簡単な屋敷周りの除草をやってもらうという家庭内での思いやりが働いているものと考えられます。子の除草時間は皆無でしたが、これは子が単に除草をサボタージュしているのではなく、一家の主たる所得が子の農業外収入に大きく依存していることから、子の除草が免除されているものと考えられます。

さらに表24に示すように、手取り・鎌による除草は祖父母と配偶者、刈り払い機による除草は世帯主と祖父、除草剤による除草は世帯主というように、除草手段と分担者との間にも明確な関係が認められました。刈り払い機による除草は体力と危険を伴う作業であり、除草剤散布は除草剤や雑草に対する専門的な知識を要する作業であることから、女性や高齢者に対するリスクや習熟度などを考慮して、世帯主が担当しているのではないかと考えられます。

このように、除草を必要とする場面が農地、休耕田、屋敷周りなどの私有地だけでなく、道路や河川さらには地域が共同で管理している場所や隣家などの公共性の高い場所まで多岐に及んでいること、除草時間が時期によって異なること、家庭内において除草場所や除草手法において分担がなされていること、高齢者が重要な役割を果たしていることなどが農家調査から明らかになりました。

三一名の五、七、九月の総除草時間を一七八一・五時間とすると、一ヶ月／人の除草時間は一九・二時間になります。時期別の除草時間のところで述べたように、雑草管理は農繁期だけでなく晩秋の一一月まで連続的に行われていることから、仮に五月から一一月までの七ヶ月間を一ヶ月当たり

表24. 分担者別の除草手法

分担者	平均除草時間（hr.）／人				総除草時間（hr.）／人
	手取り・鎌	刈り払い機	除草剤	トラクター	
祖父	50.8	21.8	3.5	10.7	86.8
祖母	87.5	0.0	0.0	2.0	89.5
世帯主	17.5	106.5	4.4	4.2	132.6
配偶者	15.0	1.6	0.0	0.0	16.6
子	0.0	0.0	0.0	0.0	0.0

（小笠原）

一九・二時間の割合で除草作業に従事したとすると、年間の除草時間／人は一三四・四時間になります。そして除草の時給を一〇〇〇円とすると年間で一三万四〇〇〇円、時給を一五〇〇円とすると二〇万二〇〇〇円もの人件費がかかっていたことになります。この金額はあくまでも一人当たりの値ですので、一世帯当たりにすればその二から三倍の金額になり、しかも刈り払い機の代金や燃料代もかかることから、一世帯当たりの除草経費は優に五〇万円を超えるものと予測されます。

以上のように、第三章では、各分野における雑草害を雑草によって直接的にもたらされる経済的損失額から考えてみましたが、雑草害はこれだけではありません。第四章で述べるように、地方の過疎化や経済的な停滞も雑草に起因していると考えられます。研究論文的な内容になってしまいましたが、中山間地域の農村では日常生活の隅々まで雑草が関わっていることが理解いただけたかと思います。

第四章　雑草対策と地域振興

第三章において雑草が社会のあらゆる場面で大きな問題になっていることを述べました。そこで、本章では、雑草によって生活環境が悪化している中山間地域に焦点を絞って、なぜ過疎化が起こったのか、どうしたら過疎化を食い止めることができるのかを、雑草対策の観点から論じてみたいと思います。

　ちなみに中山間地域とは中間農業地域と山間農業地域を合わせた地域のことで、食料・農業・農村基本法（平成一一年）の第35条において、「山間地及びその周辺の地域その他の地勢等の地理的条件が悪く、農業の生産条件が不利な地域」と定義されています。二〇一五年の農業センサスによれば、中山間地域の総面積は国土面積の七三パーセントに相当する二七四一万ヘクタールで、そこに全人口の一一パーセントに相当する一四二〇万人が暮らしており、農業産出額は総産出額の四一パーセントに相当する三兆六一三八億円となっています。中山間地域は日本国土の3／4近くを占め、農業や国土保全において重要な役割を担っている地域であることから、中山間地域が雑草で困っているということは、取りも直さず日本全体が雑草に困っているということになります。

1．過疎化の原因

なぜ、人は地方から都市に集まるのでしょうか。その原因はいろいろあるでしょうが、結局のところ、田舎は生活に不便で楽しいことが少なく、その逆に、都会は生活に便利で魅力的な場所が多いためだと考えられます。便利や魅力は人の欲求と深く関わっており、アメリカの心理学者のマズロー（A. H. Maslow: 一九〇八年〜一九七〇年）は人の欲求を五段階に分けています。最も低い階層の生理的欲求から安全欲求、社会的欲求、尊厳的欲求そして最上位の自己実現欲求です。生理的欲求は生きるための最低条件で食べることと寝ることです。最低条件がクリアされると、安心して暮らしたいという安全欲求が湧いてきます。さらに安全に暮らせるようになると、人間は一人では生きられない社会性に富んだ動物ですから、集団や仲間に入れてもらいたいという欲求、つまり社会的欲求を持つようになります。そして最後に仲間に認めてもらいたいという尊厳的欲求や自分の能力を発揮してみたいという高次の自己実現欲求を満たそうとします。

私は秋田の山深い農村地帯の出身で、自然の豊かさや食べ物の美味しさなど、田舎の良さを十分知っているつもりですが、それでも田舎にはガソリンスタンド、スーパーマーケット、病院、福祉施設などしかなく、働き口や仕事の種類が余りにも少ないと感じます。一方、都会には、デパート、商社、IT関連企業などのさまざまな会社と職業があります。大学や研究機関も都市に集中しています。雇用の場だけではありません。高級レストラン、劇場、美術館、大型書店、遊園地など、余暇を楽しむためや自己啓発のための施設が何でも揃っています。ないものは農地と自然くらいのものです。では、なぜ、田舎に若者の欲求を満たす仕事が少ないのでしょうか。例えば、田舎には自然の他にも宝石や恐竜の化石が発掘される場所があったり古くから伝わる民俗芸能があったり、その道の好事家にとっては垂涎の場所がたくさんあります。資源がないわけではありません。その資源を整備して活用する人手がないだけです。ただでさえ人の少ない地域なのに、貴重な労働力が何に使われているのでしょうか。答えは草取りです。これまでさんざん述べてきましたが、地域の貴重な労働力が何の利益にもならない草取りに浪費されているのです。一昔前であれば、刈り取った草は牛馬の飼料や農作物の肥料に利用されていましたが、今はただ刈り取るだけで雑草は何の役にも立っていません。むしろその処分に余計なコストとエネルギーがかかることから、まさに除草は時間の無駄であり、雑草が地域の雇用や産業の創出を阻む最大の原因と考えられます。

「豊かな自然に憧れて田舎に移住したのは良いが、休みのたびに地域総出の草刈りに参加しなくてはならない上に、家の周りの草刈りに追われる日々が続き、自然を楽しむ余裕がなくなった」、これはある雑誌に載っていた田舎暮らしの失敗談です。東京の地価が下落して地方の地価が上昇したことやある人材大手企業が本社機能を東京から地方に移したことなどは今般のコロナ禍によって地方が見直されている証かも知れません。また、オンライン環境が整備されてリモートワークが今や当たり前になっていることから、将来的には、ますます都会離れが進むと予想されます。しかし、雑草はバーチャルなものではありません。雑草は人間生活にさまざまな害を及ぼし、除草には大変な労力と経費がかかります。若者が田舎にUターンあるいはIターンして良かった、都会からの移住者が田舎に住んで良かったと思ってもらうために必要なことは、生活環境の整備、特に雑草対策をきちんとやることにつきます。

2. カムバックマドンナ大作戦

地域を活性化させるためには、若者が田舎に戻りたくなるような魅力的な仕事を作る必要があります。ここで重要なのは初めから若者全員に戻ってもらおうなどと考えないことです。不謹慎な考えかも知れませんが、特に若い女性に戻ってもらうようにするのです。そうすれば若い男性も地元に戻るはずです。この「カムバックマドンナ大作戦」はセクハラでも男女差別でもなく、きわめて真面目な考えです。映画「男はつらいよシリーズ」には多くのマドンナが出演しました。いつの時代にも男性には憧れのマドンナがいるはずですが、残念ながらマドンナは田舎にはいません。どこに行ってしまったのでしょうか。それは都会です。マズローの欲求五段階説を思い出して下さい。彼女たちの欲求は上位の欲求であり、その夢が叶えられるのは都会です。しかしマドンナが地元に戻れるようになれば、男性も都会に出ずに地元で働くようになるでしょうし、趣味や文化について語ることができなければマドンナに愛想を尽かされてしまいますから、自己啓発にも励むようになるはずです。こんなことが積み重なっていけば、地域は次第に活気に溢れるようになって子供が増え、最終的に過疎化が解消されるに違いありません。マドンナは男性の抱く母性の象徴であり、女性にも父性の象徴である「憧れの君」がいるはずです。

若者が魅力を感じる企業が雑草対策に取り組むようになれば一石二鳥です。雑草対策を地域全体で推進するための組織として考えたのが産官学連携の里山雑草管理センター（仮称）です。以下に、里山雑草管理センターがどんな組織で、どうやって若者の雇用を獲得しようとしているのか、その構想の概略を説明します。

3．里山雑草管理センター（仮称）について

少子高齢化の進んだ地域では、都会への若者の流出を防ぐとともに、都会に出た若者を呼び戻さなければなりません。そのためにも若者が経済的にも精神的にも安心して暮らすための明確なビジネスモデルを作る必要があります。

まず、ビジネスの対象を何にするかです。これまで地域振興といえば地産地消によ

る農業ビジネスや自然を活用した環境ビジネスでしたが、破綻したケースも少なくありません。ビジネスとして成功するか否かは地域内よりも地域外のニーズがどれだけあるかに依ります。地産地消を例に挙げると、どこでも無農薬野菜や美味しい蕎麦になってしまいますが、地域外の人たちにすれば何も目新しいことではありません。多くの地域が行っている振興策の one of them に過ぎません。しかし、雑草対策は違います。地域内に暮らす人も地域外に暮らす人も皆、雑草で困っているわけですから、売り手市場も買い手市場もありません。注目されるビジネス対象であることは間違いありません。

次に、ビジネスの形態です。自動車や電化製品のように代理店を介して製造する者（企業）と購買する者（個人）が直接的な取引を行うビジネスと、デパートのように業種の異なる複数の業者が一つの組織に入って個人の多様なニーズに対応するビジネスもあります。雑草管理のビジネス形態はどちらかといえば後者に近いといえます。地域の雑草管理は個人を対象とした刈り払い機や除草剤などの管理資材の直接的なビジネスだけではありません。高齢化が進んだ地域では、請負除草のニーズが必ずあるはずです。その場合、誰がどのような方法で雑草を管理するのか、刈り取った草をどのように処分するのかが問題になってきます。また、事業内容を雑草管理から環境保全まで拡大すれば、環境に関わるさまざまな業種が必要になります。例えば、雑草調査を行った栃木県那須烏山市大木須地区では、セイヨウミツバチの生産飼育が計画されています。実はこれは耕作放棄地を対象とした雑草管理の窮余の一策であり、どのような蜜源植物をどのように栽培したら良いのかも広い意味では雑草管理に含まれることになり、昆虫の専門家や植物の専門家が必要になります。また、草刈りについても、エンジン式の刈り払い機からロボット草刈り機までいろいろあることから、エンジニアだけでなくＩＴの専門家も必要になります。このように地域全体の雑草管理を経済的かつ環境負荷の少ない方法で行うためには、農薬、造園土木、景観などに関する、さまざまな業種を取り揃えた雑草管理のデパートが必要になります。それが図8に示した里山雑草管理センターです。

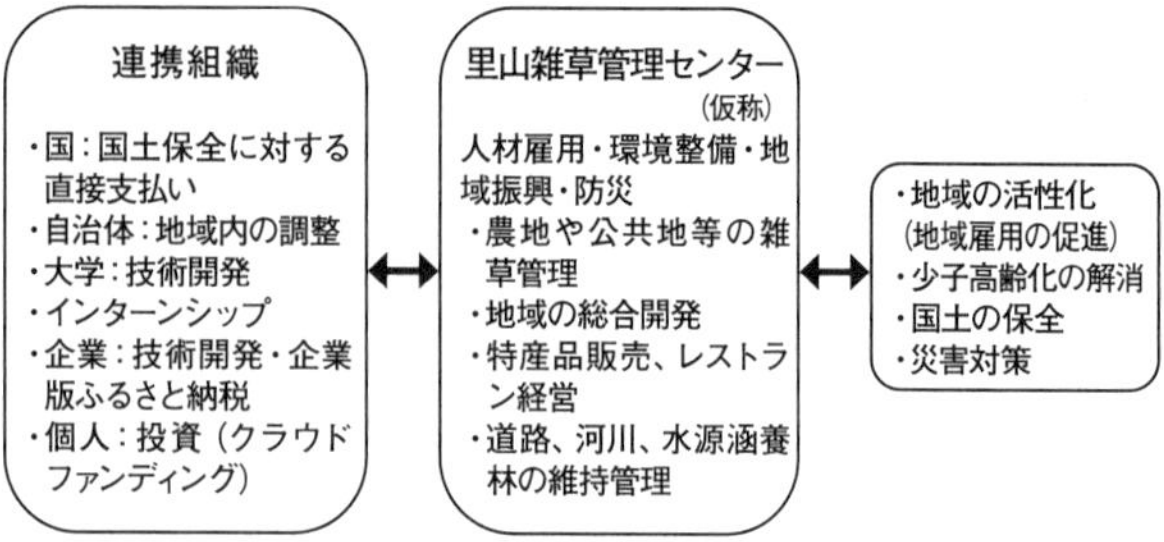

図8. 里山雑草管理センター（仮称）の業務内容と期待される効果（小笠原）

前述したように、地域には必ず雑草対策のニーズがあることから、雑草対策がビジネスチャンスになることは十分に考えられますが、問題は利益性です。地域の雑草対策を一手に引き受けるシステムを作ったところで、果たして儲けられるかということです。利益を得ることができなければ、若者を雇用することもできません。これに対しては他力本願的なところはありますが、いくつかの解決策が考えられます。地方自治体や国に代わって地域が道路や河川の雑草管理を請け負うようにすれば、というよりも第三章で述べたように、実際に道路法面や河川堤防の雑草管理を地域の人たちは無償でやっているわけですから、これまで計上されてきた維持管理費がセンターの収入に置き換わるはずです。また、自然環境や国土の保全を請け負うようにすれば国からの補助金がもらえるようになります。

これには直接支払制度が関係します。詳細は専門書に譲りますが、経済の原則として、生産量が増えれば所得も増えます。農業で高収入を得るためには、作物の生産量を増やさなければなりませんが、生産量が過剰になると農作物の価格が下落するだけでなく、関税を含めた諸外国との貿易においてもいろんな摩擦が生じてきます。そこで生産と所得（正確には所得保障）を切り離すデカップリングという政策がとられるようになりました。稲作を例にとると、米を作らず減反した場合に奨励金として農家に支払われていたのが直接支払で、その減反制度は二〇一八年に完全に廃止されることになりました。しかし、条件不利地である中山間地域の農家の所得保障を急にやめるのも問題だということで、所得保障の対象を農業生産ではなく環境保全をはじめとする農業の多面的機能や農村整備に振り向けられるようになりました。このことから、雑草管理を環境保全に読み替えることができるようになれば、直接支払制度の対象にもなるということです。

里山雑草管理センターの財務体質の強化策として、道路や河川の維持管理と中山間地域の環境保全事業を請け負うことによる国からの補助金に加えて、クラウドファンディングや企業版ふるさと納税制度を活用した外部資金の調達も考えられます。さらに、雑草管理の請負費を現金ではなくコメや野菜などの現物でも受け入れるようにし、それらの農産物を里山雑草管理センターで直売するだけでなくネット通販し、さらにその農産物がグリーン購入法に認定されれば、国全体として中山間地域の環境保全を支援することになります。そして、この一連の業務を進めるためには、経営学やＩＴの専門家が必要になり、まさに雇用の多様化につながることになります。

また、若者が安心して働くためには、経営的にしっかりするだけでなく事業の持続性も重要になります。小さな経営体が経営から技術開発まで全て自前でやろうとするから破綻するのであって、自治体、民間企業、大学が連携する第三セクター的な組織にすれば、リスクが分散されます。また、地域の知的な拠点である大学と連携することにより、学生はインターンシップを通して社会経験を積むことができるようになるでしょうし、里山雑草管理センターに就職した若者は、大学に社会人入学することにより、高次の自己実現欲求を満たすことができます。

以上が里山雑草管理センターの概要です。もちろん、この里山雑草管理センターの構想はアイデアの域を脱しておらず、実現には、さまざまなハードルをクリアしなければなりませんが、はじめの一歩を踏み出さなければ何も始まりません。まずは雑草対策の重要性が社会から認知されなければなりません。そのためには地域に住んでいる人だけでなく、都会に住んでいる人にも、雑草に興味を持ってもらう必要があります。

4．これからの雑草科学について

二万二〇〇〇名余の尊い命が失われた東日本大震災から早十年が過ぎ、そして今般の新型コロナウイルスです。令和二年一二月一日時点で、世界全体で六三〇〇万人以上が感染し、死者は一四六・七万人に達することをいったい誰が予測し得たでしょうか。近い将来、このコロナ禍は収束し、何十年後かには記憶の片隅に追いやられる時が来るでしょうが、だからといって看過してはならないと思います。これだけ大きな災難が起きたわけですから、社会構造や社会規範が大きく変革することは間違いありません。これから何が変わって何が求められるのか、ポストコロナにおける社会のあり方を予測し、予め備えておくことがこの災いを経験した者の責務ではないでしょうか。ここではポストコロナにおける雑草管理の将来を考えてみたいと思います。

（1）食糧自給率

新型コロナウイルスの拡大防止策として、人の移動が国内はもとより国と国との間でも制限されるようになりました。これはグローバル化に一定のブレーキがかかることを意味しています。制限されるのは人の交流だけでなく石油や食糧なども含まれます。新型コロナのような世界規模の災厄が長期化すれば、自国第一主義的な考え方がより一層、先鋭化し、その結果、食糧を含めた国家間の互恵関係にも亀裂が生じてくる恐れがあります。これまで、世界の平和は微妙な政治バランスのもとに維持されてきましたが、未来永劫、続く保証はありません。平和であったからこそ、海外から好きなだけ食糧を調達できていたのであって、ひとたび世界が混乱に陥れば食糧の安全保障は破綻しかねません。このコロナ禍で最も強く思ったことは、職業柄かも知れませんが、自国で消費する食糧を外国に頼らずに自国で生産しなければならないということでした。つまり食料自給率の向上です。

ところでテレビや新聞ではほとんど報道されませんでしたが、令和二年は七月中旬頃まで日照不足と低温が続いて、全国的にコメの作柄が危ぶまれていました。不順な天候があと二週間続いていたら、一九九三年の平成の米騒動までには行かないまでも、深刻なコメ不足に陥ったかも知れません。幸い、天候が七月下旬から持ち直してコメの作況指数は最終的に一〇一の平年並みに落ち着いて事なきを得ることができました。コメ不足は起こらず、むしろ適正量を二〇万トン近くも超過して、その対策に頭を悩ませているようですが、検討すべきはコメ以外の作物、特に日本人の食生活に欠かせない食用油、味噌、醤油、豆腐などの原料になるダイズの自給率です。

ダイズの国内消費量は油用二四三万トンと食用九九万トンを合わせた三五七万トンですが、国内で生産されるダイズは食用に限られており、平成二六年度の生産量はわずか二二・五万トンに過ぎません。これは国内消費量のわずか七パーセントにしか過ぎません。コメ、ムギ類、イモ類の国内自給率がそれぞれ一〇〇パーセント、七四パーセント、一四パーセントであることを考えると、ダイズの生産量がいかに少ないかお分りいただけるかと思います。日本におけるダイズの一〇アール当たりの収量は約一六〇キログラムですので、三五七万トンの全てのダイズを日本で生産するためには、約二二三〇万ヘクタールの畑でダイズを栽培しなければなりません。現在、一二一・五万トンのダイズを一三・二万ヘクタールの畑で生産していることから、日本国内で全消費量を生産するためには二二一七万ヘクタールもの畑を耕さなければならないことになります。

なぜ、これほどまでにダイズの生産量が少ないのでしょうか。わが国のダイズ作の八〇パーセント以上が水田の転作です。ダイズは本来的に湿った土壌を嫌う作物で、基盤整備によって乾田化が進んでいるものの、湿害は依然としてダイズ栽培の大きな課題になっています。さらに播種から苗立までの時期が梅雨に当たる日本の気候や、ダイズシストセンチュウ、ダイズ紫斑病、黒根腐病、カメムシ類、マメシンクイガ、ハスモンヨトウなどの病害虫も問題になっていますが、何といっても最大の原因は近年、急速に分布を拡大させているアメリカイヌホオズキ、マルバルコウ、アサガオ類などの外来雑草です。そして、今なお五〇年も前に開発された除草剤に大きく依存しており、アサガオ類に卓効を示す除草剤がないのも、ダイズ生産が拡大しない理由です。なぜ、ダイズ除草剤の開発が難しいのか、それは前述した作物と雑草間の選択性です。ダイズもアサガオも同じ広葉植物ですので、選択性に優れた除草剤を作るのが難しいからです。

さらに、問題なのは雑草や除草剤を研究する人が余りにも少ないことです。現在、日本には、七八一校もの大学があり、その内の五九校に農学部がありますが、雑草管理の講座があるのは私の勤めている宇都宮大学くらいのものです。米国では、全ての州立大学に雑草科学（Weed Science）の講座があるのに比べて、教育研究体制がとても立ち遅れているといわざるを得ません。食料自給率を上げるということであれば、まず、ダイズの生産量を上げなければならず、そのためには雑草管理に関する研究教育体制を強化する必要があります。

（2）ポストコロナと地方の環境整備

ポストコロナで今後、増えると予測されるもう一つの社会ニーズが中山間地域における雑草管理です。第四章で述べた雑草対策と地域振興は、新型コロナが流行する前から考えていたことですが、まさに予想通りになりました。地震や津波などの災害に対するリスク分散の観点から、予て首都機能の分散・移転が叫ばれていましたし、企業に対しても地方移転が推奨されていましたが、二〇一五年から二〇一八年の三年間において東京から地方に移転した企業はわずか七四社に過ぎませんでした。これは移転に伴って優遇税制が受けられても、従業員が田舎暮らしを拒んでいたためと考えられます。ところが昨年から地方に拠点を移す企業や地方に移住する人が増えてきました。つまり都市はマズローの五段階欲求説の最上位の欲求を実現しうる場所でしたが、新型コロナウイルスの流行によって、最下位の欲求である身の安全を守ることさえも怪しくなってきたため、都会志向が薄らいできたということです。地方に移っても、業種によっては、仕事はリモートワークで十分に対応できるようになりましたし、朝夕の通勤地獄から解放されて自由時間が増えてくるでしょうし、生涯、多額なローンを払ってマンションを購入しても、首都直下型の地震が起こるかも知れません。それなら田舎でのんびり暮らそうということになります。今、個人の価値観と人生設計が大きく変わろうとしているのかも知れません。

企業がＢＣＰ（事業継続計画：Business Continuity Planning）と呼ばれる自然災害やテロなどに遭遇しても事業資産や事業機能を一挙に喪失しないようにするためのリスク分散を意識するのは当然のことですが、地方移住者が増えているということは、個人もＢＣＰを考え始めていることを示しています。条件不利地の地方自治体が真っ先にやることは、企業誘致のためにオンライン環境を整備することではなく、企業に勤める従業員の生活環境を整備することかも知れません。長い説明になりましたが、将来の地方再生の鍵を握っているのはやはり雑草管理です。しかし、地方には雑草管理を請け負う人がいません。だから若者を都会から呼び戻すための魅力的でしかも雑草管理に関連する新たな雇用の場が必要になってきます。これが里山雑草管理センターです。

あとがき

雑草は人との関わり合いの中でしか生きて行くことのできない植物であり、人は時に雑草の恩恵にあずかることもありますが、場合によっては有形無形の大きな損失を被っています。なぜ、人と雑草の間に軋轢が生じるようになったのでしょうか。それは雑草が本質的に悪い植物だからではなく、人が雑草を管理できなくなったからに他なりません。日々、雑草との闘いに明け暮れている農家の人たちは別として、都会に住む人たちにとっては、雑草は意識の片隅にすら上らず、ましてや雑草の管理となると全くの他人事になっているのではないでしょうか。雑草による経済的な損失は莫大な金額にのぼりますが、なぜ社会は雑草に無関心でいられるのでしょうか。それは雑草によって引き起こされる被害が目に見えにくく、社会が表面的なことばかりを取り上げて物事の深層を探ろうとしなくなったためかも知れません。

かねてから雑草管理に関する本を書きたいと思っていましたが、雑草がどのくらい社会に被害を及ぼしているのかが分かっていなかったことから、執筆は延び延びになっていました。雑草学の分野では、耕地雑草の生態生理や農業場面における防除方法は深く研究されていますが、中山間地域における人々の暮らしと雑草害の関係についてはほとんど調べられていませんでした。そこで、ゼミの学生と一緒に栃木県那須烏山市の大木須地区で雑草調査をすることにしました。その結果、第四章で述べたように、中山間地域では雑草が人の暮らしの隅々まで関わっており、その管理に多大な労力が費やされていることが分かりました。また、第五章では、雑草が地域開発の足枷になっており、地域を活性化するための新たな雑草管理の枠組みについて私見を述べました。雑草の生態、防除から雑草管理ビジネスまで欲張りな内容になってしまい、特に後半部分は私の専門外であり、十分に意を尽くすことができませんでした。里山雑草管理センター（仮称）はあくまでも私的な将来構想に過ぎません。もっと良い案があるはずです。

　最後になりましたが、忙しい農作業の合間をぬって、作業日誌の記入にご協力頂いた栃木県那須烏山市大木須地区の三一名の皆様、学部学生から修士までの四年間にわたって精力的に調査研究を行ってくれた阿部由加子さん、そして一連の研究をサポートしてくれた田中（岡崎）麻衣子博士にこの場を借りて、深甚より感謝します。

参考図書

1. 伊藤操子「雑草学総論」養賢堂　２００６
2. 太田猛彦「森林飽和　国土の変貌を考える」ＮＨＫブックス　２０１２
3. 加用信文「イギリス古農書考」御茶の水書房　１９７８
4. 高橋　裕「川と国土の危機　水害と社会」岩波新書　２０１２
5. 高橋信正「「農」の付加価値を高める六次産業化の実践」筑波書房　２０１３
6. 神野直彦「地域再生の経済学　豊かさを問い直す」中公新書　２０１６
7. 曽根英二「限界集落　吾の村なれば」日本経済新聞出版　２０１０
8. 祖田　修「鳥獣害　動物たちと、どう向きあうか」岩波新書　２０１６
9. 保母武彦「日本の農山村をどう再生するか」岩波現代文庫　２０１３
10. 本間保男・佐藤仁彦・宮田正・岡崎正規「植物保護の事典」朝倉書店　１９９７
11. ＮＨＫスペシャル取材班「縮小ニッポンの衝撃」講談社現代新書　２０１７
12. 宮崎安貞「農業全書巻一～巻十　日本農書全集第十二巻～第十三巻」農文協　２００５
13. 藻谷浩介・ＮＨＫ広島取材班「里山資本主義　日本経済は「安心の原理」で動く」角川ｏｎｅテーマ21　２０１３

14. 山下祐介「限界集落の真実　過疎の村は消えるか?」ちくま新書　2012
15. 鷲谷いづみ「自然再生　持続可能な生態系のために」中公新書　2004
16. 王　敏「禹王と日本人「治水神」がつなぐ東アジア」NHKブックス　2014
17. 吉川　洋「人口と日本経済　長寿、イノベーション、経済成長」中公新書　2016

著者紹介

小笠原勝（おがさわら　まさる）

1956年　秋田県生まれ。

1978年　宇都宮大学農学部農学科卒業。

1987年　民間会社を経て宇都宮大学に奉職。

日本芝草学会長、日本雑草学会評議委員等を歴任。

現在、宇都宮大学雑草管理教育研究センター教授、博士（農学）。

専攻は雑草学。

主な著書

「在来野草による緑化ハンドブック」（朝倉書店、共著）

「Soil Health and Land Use Management」（Intech、共著）

「東日本大震災からの農林水産業と地域社会の復興」（養賢堂、共著）

研究論文多数

幻冬舎ルネッサンス新書 234

雑草害《ざっそうがい》
～誰《だれ》も気《き》づいていない身近《みぢか》な環境問題《かんきょうもんだい》～

2021年7月7日　第1刷発行

著　者	小笠原勝
発行人	久保田貴幸
発行元	株式会社 幻冬舎メディアコンサルティング 〒151-0051　東京都渋谷区千駄ヶ谷4-9-7 電話　03-5411-6440（編集）
発売元	株式会社 幻冬舎 〒151-0051　東京都渋谷区千駄ヶ谷4-9-7 電話　03-5411-6222（営業）
ブックデザイン	田島照久
印刷・製本	中央精版印刷株式会社

検印廃止
©MASARU OGASAWARA, GENTOSHA MEDIA CONSULTING 2021
Printed in Japan
ISBN978-4-344-93391-0 C0240
幻冬舎メディアコンサルティングHP
http://www.gentosha-mc.com/

※落丁本、乱丁本は購入書店を明記のうえ、小社宛にお送りください。
送料小社負担にてお取替えいたします。
※本書の一部あるいは全部を、著作者の承諾を得ずに無断で複写・
複製することは禁じられています。
定価はカバーに表示してあります。